はじめに

Microsoft Word 2019は、やさしい操作性と優れた機能を兼ね備えたワープロソフトです。
本書は、Wordの基本機能をマスターされている方を対象に、完成図を参考に自分で考えながら作成するスキルを習得していただくことを目的としています。
本書は、経験豊富なインストラクターが日頃のノウハウをもとに作成しており、講習会や授業の教材としてご利用いただくほか、自己学習の教材としても最適なテキストとなっております。
本書を通して、Wordの活用力を向上させ、実務にいかしていただければ幸いです。

なお、基本機能の習得には、次のテキストをご利用ください。
「よくわかる Microsoft Word 2019 基礎」(FPT1815)
「よくわかる Microsoft Word 2019 応用」(FPT1816)

本書を購入される前に必ずご一読ください
本書は、2020年4月現在のWord 2019(16.0.10357.20081)に基づいて解説しています。
Windows Updateによって機能が更新された場合には、本書の記載のとおりに操作できなくなる可能性があります。あらかじめご了承のうえ、ご購入・ご利用ください。

2020年6月7日
FOM出版

目次

Contents

解答の操作手順は、FOM出版のホームページで提供しています。P.6「5 学習ファイルと解答の提供について」を参照してください。

本書をご利用いただく前に

本書で学習を進める前に、ご一読ください。

1　本書の記述について

操作の説明のために使用している記号には、次のような意味があります。

記述	意味	例
⬜	キーボード上のキーを示します。	Ctrl Enter
⬜ ＋ ⬜	複数のキーを押す操作を示します。	Ctrl ＋ Enter （ Ctrl を押しながら Enter を押す）
《 　》	ダイアログボックス名やタブ名、項目名など画面の表示を示します。	《OK》をクリック
「　」	重要な語句や機能名、画面の表示、入力する文字などを示します。	「以上」と入力 余白「上下20mm」

2　製品名の記載について

本書では、次の名称を使用しています。

正式名称	本書で使用している名称
Windows 10	Windows 10 または Windows
Microsoft Word 2019	Word 2019 または Word
Microsoft Excel 2019	Excel 2019 または Excel

3　学習環境について

本書を学習するには、次のソフトウェアが必要です。
また、インターネットに接続できる環境で学習することを前提にしています。

```
●Word 2019
●Excel 2019
```

本書を開発した環境は、次のとおりです。
・OS：Windows 10（ビルド18363.720）
・アプリケーションソフト：Microsoft Office Professional Plus 2019
　　　　　　　　　　　　　Microsoft Word 2019（16.0.10357.20081）
　　　　　　　　　　　　　Microsoft Excel 2019（16.0.10357.20081）
・ディスプレイ：画面解像度　1024×768ピクセル

※インターネットに接続できる環境で学習することを前提に記述しています。
※環境によっては、画面の表示が異なる場合や記載の機能が操作できない場合があります。

◆画面解像度の設定

画面解像度を本書と同様に設定する方法は、次のとおりです。

①デスクトップの空き領域を右クリックします。

②《ディスプレイ設定》をクリックします。

③《ディスプレイの解像度》の∨をクリックし、一覧から《1024×768》を選択します。

※確認メッセージが表示される場合は、《変更の維持》をクリックします。

◆ボタンの形状

ディスプレイの画面解像度やウィンドウのサイズなど、お使いの環境によって、ボタンの形状やサイズが異なる場合があります。ボタンの操作は、ポップヒントに表示されるボタン名を確認してください。

※本書に掲載しているボタンは、ディスプレイの画面解像度を「1024×768ピクセル」、ウィンドウを最大化した環境を基準にしています。

◆スタイルや色の名前

本書発行後のWindowsやOfficeのアップデートによって、ポップヒントに表示されるスタイルや色などの項目の名前が変更される場合があります。本書に記載されている項目名が一覧にない場合は、任意の項目を選択してください。

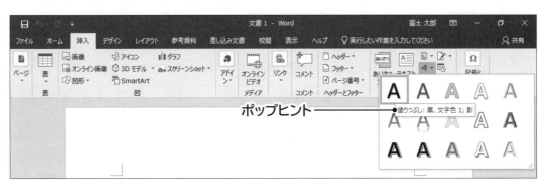

ポップヒント

POINT Office製品の種類

Microsoftが提供するOfficeには「Officeボリュームライセンス」「プレインストール版」「パッケージ版」「Microsoft365」などがあり、種類によってアップデートの時期や画面が異なることがあります。

※本書は、Officeボリュームライセンスをもとに開発しています。

●Microsoft365版で《挿入》タブを選択した状態（2020年4月現在）

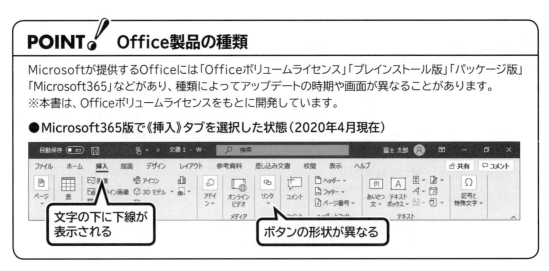

文字の下に下線が表示される

ボタンの形状が異なる

第1章
第2章
第3章
第4章
第5章
第6章
第7章
第8章
第9章
総合問題

4　本書の見方について

本書は、完成図を参考にして、自分で考えながら作成する内容になっています。
詳しい問題文などは記載されていないので、 *Hint!* と ● Advice を参考に実習しましょう。

❶ Lessonの難易度を示しています。

レベル	アイコン	説明
レベル1	難易度	「よくわかる Microsoft Word 2019 基礎」(FPT1815)で操作手順を解説している問題、または同等レベルの問題です。
レベル2	難易度	「よくわかる Microsoft Word 2019 応用」(FPT1816)で操作手順を解説している問題、または同等レベルの問題です。
レベル3	難易度	より難易度の高い問題です。

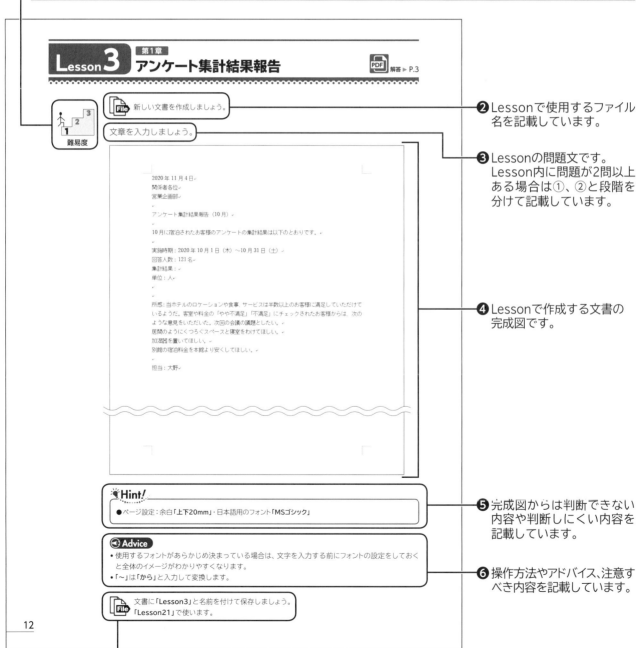

Lesson 3 第1章 **アンケート集計結果報告** 解答▶P.3

❷ Lessonで使用するファイル名を記載しています。

❸ Lessonの問題文です。Lesson内に問題が2問以上ある場合は①、②と段階を分けて記載しています。

❹ Lessonで作成する文書の完成図です。

❺ 完成図からは判断できない内容や判断しにくい内容を記載しています。

❻ 操作方法やアドバイス、注意すべき内容を記載しています。

❼ 作成した文書を保存する際に付けるファイル名を記載しています。
　また、作成した文書を以降のLessonで使用する場合は、そのLesson番号を記載しています。

◆題材別Lesson対応表

第1章～第9章で学習する題材には、次のようなものがあります。
各題材と各Lessonの対応は、次のとおりです。

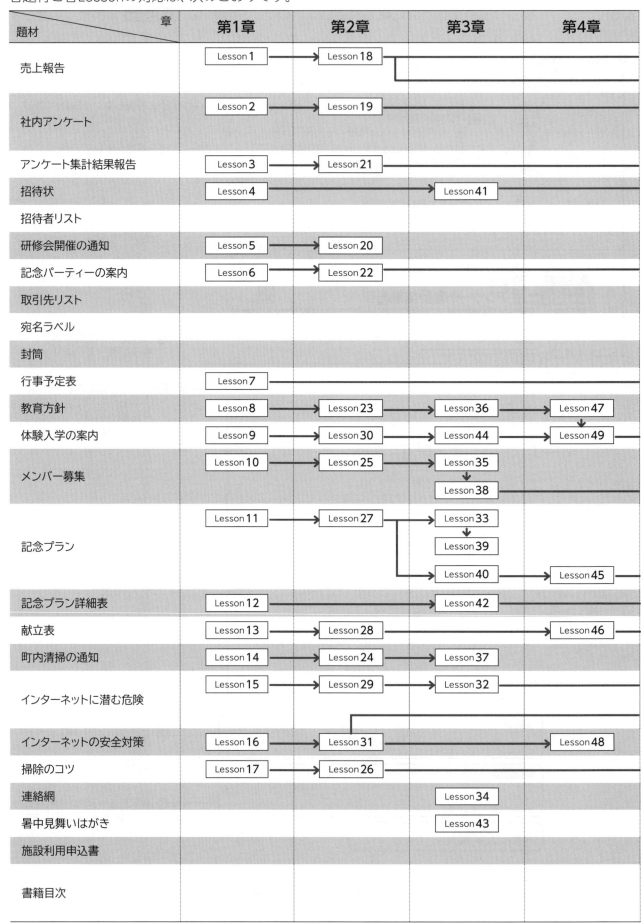

題材 ＼ 章	第1章	第2章	第3章	第4章
売上報告	Lesson 1	Lesson 18		
社内アンケート	Lesson 2	Lesson 19		
アンケート集計結果報告	Lesson 3	Lesson 21		
招待状	Lesson 4		Lesson 41	
招待者リスト				
研修会開催の通知	Lesson 5	Lesson 20		
記念パーティーの案内	Lesson 6	Lesson 22		
取引先リスト				
宛名ラベル				
封筒				
行事予定表	Lesson 7			
教育方針	Lesson 8	Lesson 23	Lesson 36	Lesson 47
体験入学の案内	Lesson 9	Lesson 30	Lesson 44	Lesson 49
メンバー募集	Lesson 10	Lesson 25	Lesson 35 / Lesson 38	
記念プラン	Lesson 11	Lesson 27	Lesson 33 / Lesson 39 / Lesson 40	Lesson 45
記念プラン詳細表	Lesson 12		Lesson 42	
献立表	Lesson 13	Lesson 28		Lesson 46
町内清掃の通知	Lesson 14	Lesson 24	Lesson 37	
インターネットに潜む危険	Lesson 15	Lesson 29	Lesson 32	
インターネットの安全対策	Lesson 16	Lesson 31		Lesson 48
掃除のコツ	Lesson 17	Lesson 26		
連絡網			Lesson 34	
暑中見舞いはがき			Lesson 43	
施設利用申込書				
書籍目次				

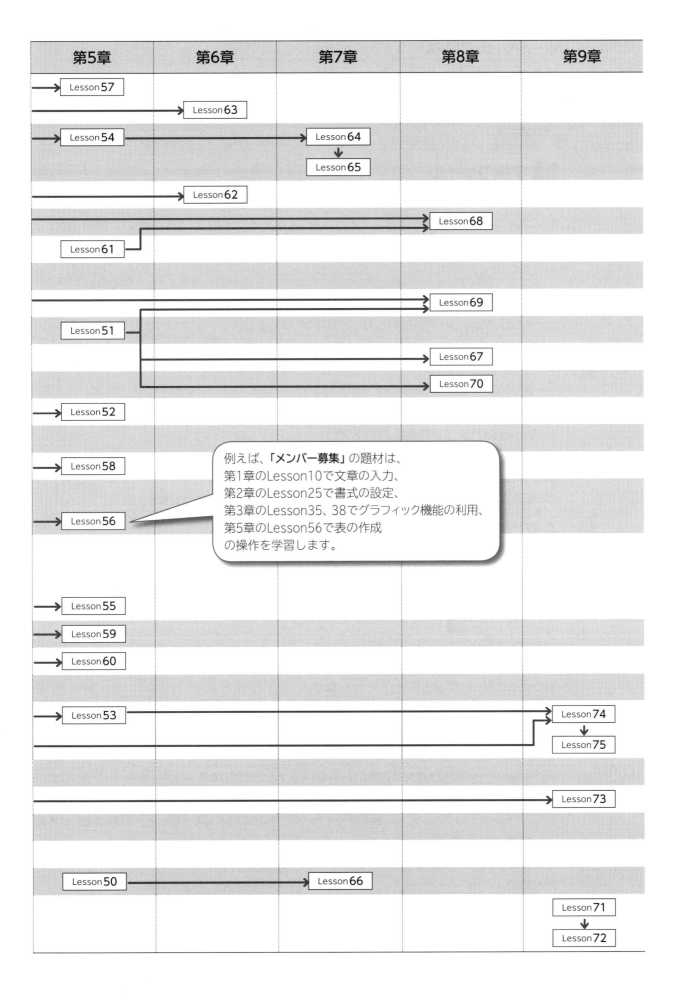

第5章	第6章	第7章	第8章	第9章
Lesson 57				
	Lesson 63			
Lesson 54		Lesson 64 ↓ Lesson 65		
	Lesson 62			
			Lesson 68	
Lesson 61				
			Lesson 69	
Lesson 51			Lesson 67	
			Lesson 70	
Lesson 52				
Lesson 58				
Lesson 56				
Lesson 55				
Lesson 59				
Lesson 60				
Lesson 53				Lesson 74 ↓ Lesson 75
				Lesson 73
Lesson 50		Lesson 66		
				Lesson 71 ↓ Lesson 72

例えば、「**メンバー募集**」の題材は、
第1章のLesson10で文章の入力、
第2章のLesson25で書式の設定、
第3章のLesson35、38でグラフィック機能の利用、
第5章のLesson56で表の作成
の操作を学習します。

5　学習ファイルと解答の提供について

本書で使用する学習ファイルと解答は、FOM出版のホームページで提供しています。

ホームページ・アドレス

> https://www.fom.fujitsu.com/goods/

ホームページ検索用キーワード

> FOM出版

1 学習ファイル

本書は、Lesson1から順番に学習することを前提としています。各Lessonで作成するファイルはLessonの終わりに保存し、それ以降のLessonでそのファイルを開いて使います。
ファイルを保存しなかった場合や途中から学習する場合は、各Lessonの完成ファイルを開いて学習できます。

◆ダウンロード

ファイルをダウンロードする方法は、次のとおりです。

① ブラウザーを起動し、FOM出版のホームページを表示します。

※アドレスを直接入力するか、キーワードでホームページを検索します。

② 《ダウンロード》をクリックします。

③ 《アプリケーション》の《Word》をクリックします。

④ 《Word 2019 演習問題集 FPT2003》をクリックします。

⑤ 「fpt2003.zip」をクリックします。

⑥ ダウンロードが完了したら、ブラウザーを終了します。

※ダウンロードしたファイルは、パソコン内のフォルダー「ダウンロード」に保存されます。

◆ダウンロードしたファイルの解凍

ダウンロードしたファイルは圧縮されているので、解凍（展開）します。ダウンロードしたファイル「fpt2003.zip」を《ドキュメント》に解凍する方法は、次のとおりです。

① デスクトップ画面を表示します。

② タスクバーの ■ （エクスプローラー）をクリックします。

③ 《ダウンロード》をクリックします。

※《ダウンロード》が表示されていない場合は、《PC》をダブルクリックします。

④ ファイル「fpt2003」を右クリックします。

⑤ 《すべて展開》をクリックします。

⑥ 《参照》をクリックします。

⑦ 《ドキュメント》をクリックします。

※《ドキュメント》が表示されていない場合は、《PC》をダブルクリックします。

⑧ 《フォルダーの選択》をクリックします。

⑨ 《ファイルを下のフォルダーに展開する》が「C：¥Users¥（ユーザー名）¥Documents」に変更されます。

⑩ 《完了時に展開されたファイルを表示する》を ✔ にします。

⑪ 《展開》をクリックします。

⑫ ファイルが解凍され、《ドキュメント》が開かれます。

⑬ フォルダー「Word2019演習問題集」が表示されていることを確認します。

※すべてのウィンドウを閉じておきましょう。

◆学習ファイルの一覧

フォルダー「**Word2019演習問題集**」には、次のような学習ファイルが入っています。タスクバーの ■（エクスプローラー）→《**PC**》→《**ドキュメント**》をクリックし、一覧からフォルダーを開いて確認してください。

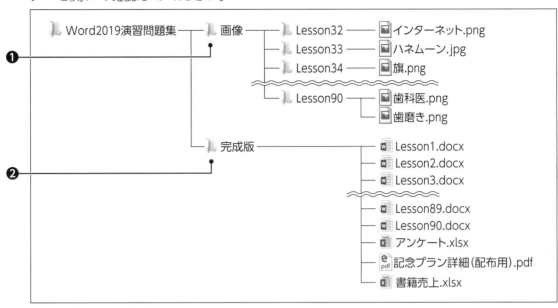

❶ フォルダー「**画像**」　…Lessonで使用するファイルが収録されています。
❷ フォルダー「**完成版**」…Lessonで完成したファイルが収録されています。

◆学習ファイルの場所

本書では、学習ファイルの場所を《**ドキュメント**》内のフォルダー「**Word2019演習問題集**」としています。《**ドキュメント**》以外の場所にコピーした場合は、フォルダーを読み替えてください。

◆学習ファイル利用時の注意事項

ダウンロードしたファイルを開く際、そのファイルが安全かどうかを確認するメッセージが表示される場合があります。学習ファイルは安全なので、《**編集を有効にする**》をクリックして、編集可能な状態にしてください。

> ⚠ 保護ビュー　注意―インターネットから入手したファイルは、ウイルスに感染している可能性があります。編集する必要がなければ、保護ビューのままにしておくことをお勧めします。　　編集を有効にする(E)　✕

2 解答

標準的な解答を記載したPDFファイルを提供しています。
PDFファイルを表示してご利用ください。

💻 **パソコンで表示する場合**	📱 **スマートフォン・タブレットで表示する場合**
①ブラウザーを起動し、FOM出版のホームページを表示します。 ※アドレスを直接入力するか、キーワードでホームページを検索します。 ②《ダウンロード》をクリックします。 ③《アプリケーション》の《Word》をクリックします。 ④《Word2019演習問題集　FPT2003》をクリックします。 ⑤「fpt2003_kaitou.pdf」をクリックします。 ⑥PDFファイルが表示されます。 ※必要に応じて、印刷または保存してご利用ください。	①スマートフォン・タブレットで下のQRコードを読み取ります。 ②PDFファイルが表示されます。

6 Word 2019の設定について

本書に記載している解答の操作方法は、次のように設定した環境を基準にしています。

> 編集記号を表示する
> ステータスバーにページ番号と行番号を表示する

設定を変更する方法は、次のとおりです。
※Wordを起動し、新規文書を開いておきましょう。

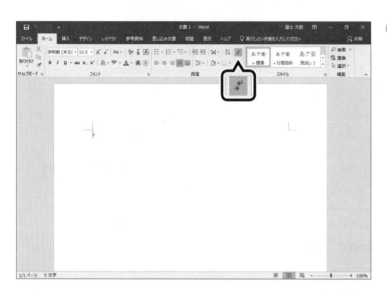

① 《ホーム》タブ→《段落》グループの ↵ (編集記号の表示/非表示) をオンの状態 (濃い灰色) にします。

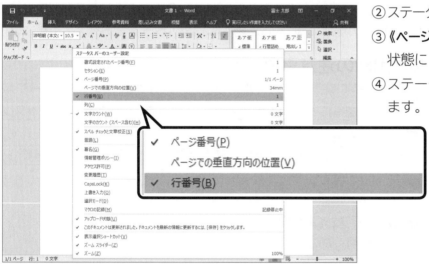

② ステータスバーを右クリックします。

③ 《ページ番号》《行番号》をそれぞれオンの状態にします。

④ ステータスバー以外の場所をクリックします。

7 本書の最新情報について

本書に関する最新のQ&A情報や訂正情報、重要なお知らせなどについては、FOM出版のホームページでご確認ください。

ホームページ・アドレス

> https://www.fom.fujitsu.com/goods/

ホームページ検索用キーワード

> FOM出版

第 1 章

Chapter 1

文章を入力する

難易度

Lesson 1
第1章 売上報告

解答 ▶ P.3

 新しい文書を作成しましょう。

文章を入力しましょう。

※解答は、FOM出版のホームページで提供しています。P.6「5 学習ファイルと解答の提供について」を参照してください。

2020 年 5 月 28 日

関係者各位

営業部長

スプリングフェア料理関連書籍売上について

スプリングフェア期間中の料理関連書籍の売上について、次のとおりご報告いたします。

●料理関連書籍売上
料理関連書籍の売上ベスト 5 は、次のとおりです。

　　　　　　　　　　　　　　　　　　　　　　　　　　　　　以上

担当：河野

Advice

- 「●」は「まる」と入力して変換します。
- 「以上」と入力して改行すると、自動的に右揃えになります。

 文書に「Lesson1」と名前を付けて保存しましょう。
「Lesson18」で使います。

Lesson 2 第1章 社内アンケート

解答 ▶ P.3

難易度

File 新しい文書を作成しましょう。

文章を入力しましょう。

社員旅行アンケート↵

来年の社員旅行をよりよいものにするため、アンケートにご協力ください。↵

提出期限：10月9日（金）↵
提出方法：メールに添付して送付↵
提出先：総務部□吉岡□yoshioka@xx.xx↵

Advice

- □は全角空白を表します。[　　　　]（スペース）を押すと全角空白が入力されます。
- 初期の設定では、メールアドレスを入力すると下線が自動的に表示されます。

文書に「Lesson2」と名前を付けて保存しましょう。
「Lesson19」で使います。

第1章

第2章

第3章

第4章

第5章

第6章

第7章

第8章

第9章

総合問題

11

Lesson3 第1章 アンケート集計結果報告

解答 ▶ P.3

難易度

新しい文書を作成しましょう。

文章を入力しましょう。

2020 年 11 月 4 日
関係者各位
営業企画部

アンケート集計結果報告（10 月）

10 月に宿泊されたお客様のアンケートの集計結果は以下のとおりです。

実施時期：2020 年 10 月 1 日（木）〜10 月 31 日（土）
回答人数：121 名
集計結果：
単位：人

所感：当ホテルのロケーションや食事、サービスは半数以上のお客様に満足していただけているようだ。客室や料金の「やや不満足」「不満足」にチェックされたお客様からは、次のような意見をいただいた。次回の会議の議題としたい。
居間のようにくつろぐスペースと寝室をわけてほしい。
加湿器を置いてほしい。
別館の宿泊料金を本館より安くしてほしい。

担当：大野

Hint!

●ページ設定：余白「上下20mm」・日本語用のフォント「MSゴシック」

Advice

• 使用するフォントがあらかじめ決まっている場合は、文字を入力する前にフォントの設定をしておくと全体のイメージがわかりやすくなります。
•「〜」は「から」と入力して変換します。

文書に「Lesson3」と名前を付けて保存しましょう。
「Lesson21」で使います。

Lesson 4 第1章 招待状

難易度

 新しい文書を作成しましょう。

文章を入力しましょう。

```
↵
□様↵
□より↵
↵
「10年間育ててくれてありがとう」という気持ちを
こめて「2分の1成人式」を4年生がやります。↵
ぜひ来てください。↵
```

☀Hint!

● ページ設定：用紙サイズ「**はがき**」・余白「**上下左右10mm**」・文字数「**24**」・
　日本語用のフォント「**游ゴシック**」

 文書に「**Lesson4**」と名前を付けて保存しましょう。
「**Lesson41**」で使います。

 第1章

第2章

第3章

第4章

第5章

第6章

第7章

第8章

第9章

総合問題

 解答 ▶ P.3

13

難易度

 新しい文書を作成しましょう。

文章を入力しましょう。

No.2020151

2021 年 1 月 22 日

各位

総務部長

個人情報保護研修会開催について

当社では、個人情報保護の取り組みとしてプライバシーポリシーを制定しました。個人情報保護の必要性や重要性を認識し、定着させることが社内の緊急の課題となっております。

つきましては、下記のとおり「個人情報保護研修会」を実施しますので、参加日を各部署にて取りまとめのうえ、ご回答をお願いします。

なお、派遣社員およびアルバイト社員も対象とします。

記

開催日時：2021 年 2 月 16 日（火）・17 日（水）・18 日（木）

午前 10 時～正午

研修会場：本社ビル 5F□第 1・2 会議室

研修内容：個人情報保護規定□※ホームページを参照

回答期限：2021 年 2 月 2 日（火）□午後 5 時まで

回答方法：別紙申込書にご記入のうえ、下記担当までメールにてご回答ください。

回答先□：総務部□soumu@xxxx.xx.xx

以上

担当：木村

内線：1234-XXXX

Hint!

●ページ設定：行数「30」

Advice

• 「No.」は「なんばー」と入力して変換します。

• 「※」は「こめ」と入力して変換します。

• 「記」と入力して改行すると自動的に中央揃えが設定され、2行下に「以上」が右揃えで入力されます。

 文書に「Lesson5」と名前を付けて保存しましょう。
「Lesson20」で使います。

Lesson 6 第1章 記念パーティーの案内

解答 ▶ P.3

難易度

 新しい文書を作成しましょう。

文章を入力しましょう。

2020 年 11 月 6 日

お取引先各位
クリーン・クリアライト株式会社
代表取締役□石原□和則

創立 20 周年記念パーティーのご案内

拝啓□晩秋の候、貴社ますますご盛栄のこととお慶び申し上げます。平素は格別のご高配を賜り、厚く御礼申し上げます。
□さて、弊社は 12 月 3 日をもちまして創立 20 周年を迎えます。この節目の年を無事に迎えることができましたのも、ひとえに皆様方のおかげと感謝の念に堪えません。
□つきましては、創立 20 周年の記念パーティーを下記のとおり開催いたします。当日は弊社の OB や家族も出席させていただき、にぎやかな会にする予定でございます。ご多用中とは存じますが、ご参加くださいますようお願い申し上げます。

敬具

記

開催日□2020 年 12 月 3 日（木）
開催時間□午後 6 時 30 分～午後 8 時 30 分
会場□桜グランドホテル□4F□悠久の間

以上

⚡Hint!

● ページ設定：行数「30」

🔊 Advice

・「拝啓」と入力して改行すると、2行下に「敬具」が右揃えで自動的に入力されます。
・あいさつ文は、《あいさつ文》ダイアログボックスを使って入力すると効率的です。

 文書に「Lesson6」と名前を付けて保存しましょう。
「Lesson22」で使います。

第1章 第2章 第3章 第4章 第5章 第6章 第7章 第8章 第9章 総合問題

新しい文書を作成しましょう。

文章を入力しましょう。

2021 年 4 月 2 日
サークル各位
もみじ市体育課

2021 年度もみじ中学校施設利用について

もみじ中学校の施設を利用するサークルは、次のとおりです。

以下の日程については学校行事が入っているため、施設の利用はできません。ご注意ください。

担当：もみじ市体育課□山崎・岡山
電話：03-XXXX-XXXX（内線 101）

Hint!

●ページ設定：余白「上下左右20mm」

 文書に「Lesson7」と名前を付けて保存しましょう。
「Lesson52」で使います。

Lesson 8 第1章 教育方針

解答 ▶ P.4

難易度

 新しい文書を作成しましょう。

文章を入力しましょう。

桔梗高等学校教育方針

礼節を重んじ、人を敬う心を育てるために、礼儀や道徳の指導を重視し、社会に貢献できる人格を形成します。

教養を高め、将来の夢の実現に必要な知識や技能を磨き、社会の変化に対応できる能力を身に付けます。

自分をとりまく社会について知り、自分の適性を見極め、進路を切り開く自立心を育てます。

Hint!

●ページ設定：用紙サイズ「B5」・余白「上下左右20mm」

 文書に「Lesson8」と名前を付けて保存しましょう。
「Lesson23」で使います。

難易度

 新しい文書を作成しましょう。

文章を入力しましょう。

桔梗高等学校体験入学のご案内

桔梗高等学校では毎年体験入学を開催しています。
授業やカフェテリアでの昼食、部活動など、桔梗高等学校での高校生活を一日体験してみませんか。

■対象者：中学2、3年生

■日時
2020年10月17日（土）9:30～14:00
2020年10月24日（土）9:30～14:00
※どちらの日も内容は同じです。

■当日のスケジュール
9:00～9:30□受付
9:30～9:45□オリエンテーション
9:45～10:15□校内見学
10:15～12:00□授業体験
12:00～13:00□昼食□※カフェテリアをご利用いただけます。
13:00～14:00□部活動体験

■コース
普通科
情報科
体育科

■その他
服□装：中学校の制服
持ち物：筆記用具、上履き、体操着（体育科コース希望者・運動部体験希望者）

■お申し込み方法および期限
10月9日（金）までに桔梗高等学校庶務課へお申し込みください。

■お問い合わせ先
学校法人□桔梗高等学校□庶務課□045-XXX-XXXX

Hint!

●ページ設定：余白「上30mm」・行数「38」・日本語用のフォント「MSゴシック」

Advice

・「■」は「しかく」と入力して変換します。

 文書に「Lesson9」と名前を付けて保存しましょう。
「Lesson30」で使います。

Lesson 10 第1章 メンバー募集

難易度

新しい文書を作成しましょう。

文章を入力しましょう。

かえで東小ミニバス

「ミニバスケットボールってどんなスポーツ？」「どんなことをしているのかな？」
「ちょっとやってみたいな」と思っている人は、公開練習に参加してみよう！

●公開練習

●練習内容

●その他の活動
合宿（8月）、スキー（2月）□など
かえで東小ミニバス代表者：赤川さつき
（電話□090－××××－××××）

Hint!

●ページ設定：余白「上左25mm」「下15mm」「右20mm」・日本語用のフォント「MS UI Gothic」・英数字用のフォント「日本語用と同じフォント」・フォントサイズ「12」

文書に「Lesson10」と名前を付けて保存しましょう。
「Lesson25」で使います。

第1章
第2章
第3章
第4章
第5章
第6章
第7章
第8章
第9章
総合問題

PDF 解答 ▶ P.4

解答 ▶ P.5

難易度

File ▶ 新しい文書を作成しましょう。

文章を入力しましょう。

　　　SPA RESORT HOTELは、オープン3周年を迎えることができました。みなさまのご愛顧
　　　に感謝し、「オープン3周年記念プラン」を提供させていただきます。↵
　　　この機会にぜひ当ホテルをご利用ください。↵
　　　↵
　　　↵
　　　SPA RESORT HOTEL の自慢↵
　　　すばらしいロケーション↵
　　　海洋深層水のスパ&エステ↵
　　　↵
　　　周辺の主な観光地↵
　　　かえで市自然公園↵
　　　県立かえで臨海水族館↵
　　　↵
　　　オープン3周年記念プラン↵
　　　1泊1食付き・大人1名様（消費税・サービス料込み）↵
　　　↵
　　　↵
　　　宿泊のご予約（https://www.sparesorthotel.xx.xx/）↵
　　　お問い合わせ（toiawase@sparesorthotel.xx.xx）↵

✦Hint!

●ページ設定：余白「**上下25mm**」・日本語用のフォント「**MSゴシック**」・英数字用のフォント「**Century**」

🔊Advice

- 「**SPA RESORT HOTEL**」の・は半角空白を表します。 Shift を押しながら ⬚（スペース）を押すと半角空白が入力されます。
- 初期の設定では、ホームページのアドレスを入力すると下線が自動的に表示されます。

 文書に「**Lesson11**」と名前を付けて保存しましょう。
「**Lesson27**」で使います。

Lesson **12**

記念プラン詳細表

解答 ▶ P.5

難易度

新しい文書を作成しましょう。

文章を入力しましょう。

Spa Resort Hotel では、豊かな自然に抱かれながら、海洋深層水のスパやエステで、心身ともにリフレッシュしていただく癒しの空間をご提供します。↵

●プラン詳細↵

Hint!

●ページ設定：余白「上下左右20mm」

文書に「Lesson12」と名前を付けて保存しましょう。
「Lesson42」で使います。

第1章

第2章

第3章

第4章

第5章

第6章

第7章

第8章

第9章

総合問題

解答 ▶ P.5

難易度

新しい文書を作成しましょう。

文章を入力しましょう。

10 月 12 日の献立↵
↵
朝食↵
スクランブルエッグ↵
野菜サラダ↵
トースト↵
カフェオレ↵
昼食↵
ハムと野菜のサンドイッチ↵
ツナサラダ↵
牛乳↵
間食↵
グレープフルーツ 1/2 個↵
ドーナツ 1 個↵
夕食↵
鮭と野菜の蒸し物↵
長いもとわかめの酢の物↵
胚芽玄米ごはん↵
なめこと豆腐の味噌汁↵
↵
＜カロリー表＞↵
単位：kcal↵
↵
↵

Hint!

●ページ設定：余白「上30mm」・日本語用のフォント「MSゴシック」

文書に「Lesson13」と名前を付けて保存しましょう。
「Lesson28」で使います。

Lesson 14 第1章 町内清掃の通知

難易度

新しい文書を作成しましょう。

文章を入力しましょう。

> なかよし児童館を
> きれいにしよう！
>
> 子どもたちの元気があふれる「なかよし児童館」を清掃します。
> 子どもたちが気持ちよく安心して遊べるように、
> 地域のみんなの力で明るく清潔な児童館にしましょう！
> 親子での参加もお待ちしています！
>
> 日時□：□２０２０年９月５日（土）
> 集合時間□：□午前８時
> 集合場所□：□なかよし児童館□玄関前
> 持ち物□：□軍手、タオル、水筒□９月とはいえ、まだ暑いので暑
> さ対策を忘れないようにしましょう。
>
> なかよし児童館□電話□０３－ＸＸＸＸ－ＸＸＸＸ

 Hint!

●ページ設定：余白「左右20mm」・行数「30」・日本語用のフォント「MS明朝」・太字・フォントサイズ「16」

 文書に「Lesson14」と名前を付けて保存しましょう。
「Lesson24」で使います。

第1章 第2章 第3章 第4章 第5章 第6章 第7章 第8章 第9章 総合問題

解答 ▶ P.5

難易度

File 新しい文書を作成しましょう。

文章を入力しましょう。

1ページ目

インターネットに潜む危険

インターネットには危険が潜んでいる
インターネットはとても便利ですが、危険が潜んでいることを忘れてはいけません。世の中にお金をだまし取ろうとする人や他人を傷つけようとする人がいるように、インターネットの世界にも同じような悪い人がいるのです。インターネットには便利な面も多いですが、危険な面もあります。どのような危険が潜んでいるかを確認しましょう。

個人情報が盗まれる
オンラインショッピングのときに入力するクレジットカード番号などの個人情報が盗まれて、他人に悪用されてしまうことがあります。個人情報はきちんと管理しておかないと、身に覚えのない利用料金を請求されることになりかねません。

外部から攻撃される
インターネットで世界中の情報を見ることができるというのは、逆にいえば、世界のだれかが自分のパソコンに侵入する可能性があるということです。しっかりガードしておかないと、パソコンから大切な情報が漏れてしまったり、パソコン内の情報を壊すような攻撃をしかけられたりします。

ウイルスに感染する
「コンピューターウイルス」とは、パソコンの正常な動作を妨げるプログラムのことで、単に「ウイルス」ともいいます。ウイルスに感染すると、パソコンが起動しなくなったり、動作が遅くなったり、ファイルが壊れたりといった深刻な被害を引き起こすことがあります。
ウイルスの感染経路として次のようなことがあげられます。
ホームページを表示する
インターネットからダウンロードしたファイルを開く
Eメールに添付されているファイルを開く
USBメモリなどのメディアを利用する

ウイルスの種類

情報や人にだまされる
インターネット上の情報がすべて真実で善意に満ちたものとは限りません。内容が間違っていることもあるし、見る人をだまそうとしていることもあります。巧みに誘い込まれて、無料だと思い込んで利用したサービスが、実は有料だったということも少なくありません。
また、インターネットを通して新しい知り合いができるかもしれませんが、中には、悪意を

持って近づいてくる人もいます。安易に誘いに乗ると、危険な目にあう可能性があります。↵
↵
フィッシング詐欺↓
「フィッシング詐欺」とは、パスワードなどの個人情報を搾取する目的で、送信者名を金融機関などの名称で偽装してEメールを送信し、Eメール本文から巧妙に作られたホームページへジャンプするように誘導する詐欺です。誘導したホームページに暗証番号やクレジットカード番号を入力させて、それを不正に利用します。↵
↵
ワンクリック詐欺↓
「ワンクリック詐欺」とは、クリックしただけなのに、表示されるホームページで利用料金を請求するような詐欺のことです。ホームページに問い合わせ先やキャンセル時の連絡先などが表示されていることもありますが、絶対に自分から連絡をしてはいけません。↵
【事例】□受信したEメールに記載されているアドレスをクリックしてホームページを表示したところ、「会員登録が完了したので入会金をお支払いください。」と一方的に請求された。↵
↵

◄ Advice

• ↓（強制改行）は、段落を変えずに改行すると表示されます。段落を変えずに改行するには、[Shift]を押しながら[Enter]を押します。

文書に「Lesson15」と名前を付けて保存しましょう。
「Lesson29」で使います。

第1章
第2章
第3章
第4章
第5章
第6章
第7章
第8章
第9章
総合問題

解答 ▶ P.5

難易度

 新しい文書を作成しましょう。

文章を入力しましょう。

1ページ目

インターネットの安全対策

1□危険から身を守るには

インターネットには危険がいっぱい、インターネットを使うのをやめよう！なんて考えていませんか？どうしたら危険を避けることができるのでしょうか。信用できない人とやり取りしない、被害にあったら警察に連絡するなどの安全対策が何より大切です。

パスワードは厳重に管理する

インターネット上のサービスを利用するときは、ユーザー名とパスワードで利用するユーザーが特定されます。その情報が他人に知られると、他人が無断でインターネットに接続したり、サービスを利用したりする危険があります。パスワードは、他人に知られないように管理します。パスワードを尋ねるような問い合わせに応じたり、人目にふれるところにパスワードを書いたメモを置いたりすることはやめましょう。また、パスワードには、氏名、生年月日、電話番号など簡単に推測されるものを使ってはいけません。

他人のパソコンで個人情報を入力しない

インターネットカフェなど不特定多数の人が利用するパソコンに、個人情報を入力することはやめましょう。入力したユーザー名やパスワードがパソコンに残ってしまったり、それらを保存するようなしかけがされていたりする可能性があります。

個人情報をむやみに入力しない

懸賞応募や占い判定など楽しい企画をしているホームページで、個人情報を入力する場合は、信頼できるホームページであるかを見極めてからにしましょう。

SSL対応を確認して個人情報を入力する

個人情報やクレジットカード番号など重要な情報を入力する場合、「SSL」に対応したホームページであることを確認します。SSLとは、ホームページに書き込む情報が漏れないように暗号化するしくみです。SSLに対応したホームページは、アドレスが「https://」で始まり、アドレスバーに鍵のアイコンが表示されます。

怪しいファイルは開かない

知らない人から届いたEメールや怪しいホームページからダウンロードしたファイルは、絶対に開いてはいけません。ファイルを開くと、ウイルスに感染してしまうことがあります。

ホームページの内容をよく読む

ホームページの内容をよく読まずに次々とクリックしていると、料金を請求される可能性があります。有料の表示をわざと見えにくくして利用者に気付かせないようにしているものもあります。このような場合、見る側の不注意とみなされ高額な料金を支払うことになる場合もあります。ホームページの内容はよく読み、むやみにクリックすることはやめましょう。

電源を切断する

インターネットに接続している時間が長くなると、外部から侵入される可能性が高くなります。パソコンを利用しないときは電源を切断するように心がけましょう。

2□加害者にならないために

インターネットを利用していて、最も怖いことは自分が加害者になってしまうことです。加害者にならないために、正しい知識を学びましょう。

ウイルス対策をする

ウイルスに感染しているファイルをEメールに添付して送ったり、ホームページに公開したりしてはいけません。知らなかったではすまされないので、ファイルをウイルスチェックするなどウイルス対策には万全を期しましょう。

個人情報を漏らさない

SNSやブログなどに他人の個人情報を書き込んではいけません。仲間うちの人しか見ていないから大丈夫！といった油断は禁物です。ホームページの内容は多くの人が見ていることを忘れてはいけません。

著作権に注意する

文章、写真、イラスト、音楽などのデータにはすべて「著作権」があります。自分で作成したホームページに、他人のホームページのデータを無断で転用したり、新聞や雑誌などの記事や写真を無断で転載したりすると、著作権の侵害になることがあります。

肖像権に注意する

自分で撮影した写真でも、その写真に写っている人に無断でホームページに掲載すると、「肖像権」の侵害になることがあります。写真を掲載する場合は、家族や親しい友人でも一言声をかけるようにしましょう。

● ペ　ジ設定：余白「上30mm」「下左右25mm」・日本語用のフォント「MSゴシック」

文書に「Lesson16」と名前を付けて保存しましょう。
「Lesson31」で使います。

難易度

File 新しい文書を作成しましょう。

文章を入力しましょう。

1ページ目

掃除のコツと裏ワザ

効率的な掃除の方法

家の中には、いつもきれいにしておきたいと思いながらもなかなか手がつけられず、結局年に一度の大掃除となってしまう、という場所があります。なかなか掃除をしないから汚れもひどくなり、少しくらい掃除をしただけではきれいにならない、掃除が嫌になってさらに汚れがたまる、という悪循環が発生しています。台所のガスコンロや換気扇、窓ガラスや網戸などがその代表例です。これらの場所は、掃除が苦手な人だけでなく掃除が得意な人にとっても、汚れがたまると掃除するのが億劫になる場所であり、掃除の悪循環が発生しやすい場所といえます。

掃除の裏ワザ

洗剤の成分や道具などの商品知識を豊かにしたり、手順や要領を身に付けたりすると、家庭にあるものを上手に活用することができます。汚れがたまる前に試してみましょう。

やかんの湯垢

少量の酢を入れた濃い塩水に一晩つけて置き、スチールウールでこすり落とします。

コップ・急須などの茶渋

みかんの皮に塩をまぶして茶渋をこすりとり、布に水を含ませた重曹をつけて磨きます。

まな板

レモンの切れ端でこすり、漂白します。

フキンの黒ずみ

カップ1杯の水にレモン半分とフキンを入れて煮ます。

鏡

クエン酸を水で溶かしたものをスプレーします。しばらく放置してから水拭きします。

蛇口

古いストッキングやナイロンタオルで磨きます。

金属磨き

布に練り歯磨きをつけて磨きます。狭いところは先をつぶした爪楊枝を使います。

銀製品は重曹を使います。

掃除のコツ

掃除の達人は、「簡単な掃除の知識さえあれば、汚れを落とすことができ、やる気も起きて

どんどんきれいになっていく」と言っています。

身近なものを使って汚れが落ちる掃除のコツと裏ワザを、DIY に詳しい中村博之さんに伺いました。もし、あなたが掃除が苦手でも大丈夫。ここで紹介してる掃除のコツを読んで、掃除の悪循環から抜け出しましょう。

ガスコンロ

調理の際の煮物の吹きこぼれ、炒めものの油はねなどはその場で拭き取っておくとよいでしょう。それでもたまっていく焦げつき汚れは、重曹を使った煮洗いが効果的です。焦げつきが柔らかくなり、落としやすくなります。

【手順】

大きな鍋に水を入れ重曹を加えます。

その中に五徳や受け皿、グリルなどをつけて 10 分ほど煮てから水洗いします。

台所の換気扇

換気扇の油汚れには、つけ置き洗いがおすすめです。洗剤は市販の専用品ではなく、身近にあるもので十分です。

【手順】

酵素系漂白剤（弱アルカリ性）カップ 2〜3 杯に、食器洗い洗剤（中性）を小さじ 3 杯入れて混ぜ、つけ置き洗い用洗剤を作ります。アルカリ性の油汚れ用洗剤でつけ置き洗いをすると塗装まではがれることもあるので注意が必要。

換気扇の部品をはずし、ひどい汚れは割り箸で削り落とします。

シンクや大きな入れ物の中に汚れ防止用のビニール袋を敷き、40 度ほどのお湯を入れてから①を加えて溶かします。その中に部品を 1 時間ほどつけて置きます。

歯ブラシで汚れを落としたあとに水洗いしてできあがりです。

窓ガラス

窓ガラスの汚れは、一般的には住居用洗剤を吹きつけて拭き取ります。水滴をそのままにしておくと、跡になってしまうのでから拭きするのがコツです。から拭きには丸めた新聞紙を使うとよいでしょう。インクがワックス代わりをしてくれます。

【手順】

1%に薄めた住居用洗剤を霧吹きで窓ガラスに吹きつけ、スポンジでのばします。

窓ガラスの左上から右へとスクイージーを浮かせないように引き、枠の手前で止めて、スクイージーのゴム部分の水を拭き取ります。

同じように下段へと進み、下まで引いたら、右側の残した部分を上から下へと引きおろします。

仕上げに丸めた新聞紙でから拭きします。

網戸

第1章
第2章
第3章
第4章
第5章
第6章
第7章
第8章
第9章
総合問題

網戸は外して水洗いするのが理想的ですが、無理な場合は、塗装用のコテバケを使うとよいでしょう。

【手順】

住居用洗剤を溶かしたぬるま湯にコテバケをつけて絞り、網の上下または左右に塗ります。

しばらく放置したあと固く絞った雑巾で拭き取ります。

ブラインド

ブラインド専用の掃除用具も販売されていますが、軍手を使うと簡単に汚れを取ることができます。

【手順】

ゴム手袋をした上に軍手をはめます。

指先に水で薄めた住居用洗剤をつけて絞り、ブラインドを指で挟むように拭きます。

軍手を水洗いして水拭きをします。

仕上げに乾いた軍手でから拭きします。

 Hint!

●ページ設定：余白「上30mm」「下25mm」

Advice

- 表記のゆれ（「カップ」と「カップ」）や誤字・脱字などは、図のとおり入力します。あとのLessonで、まとめて修正する方法を学習します。
- 「【 】」は「かっこ」と入力して変換します。

 文書に「Lesson17」と名前を付けて保存しましょう。
「Lesson26」で使います。

Chapter 2

基本的なレポートを
作成する

Lesson 18 第2章 売上報告

解答 ▶ P.7

難易度

文書「Lesson1」を開きましょう。

書式を設定しましょう。

2020 年 5 月 28 日

関係者各位

営業部長

スプリングフェア料理関連書籍売上について

スプリングフェア期間中の料理関連書籍の売上について、次のとおりご報告いたします。

●料理関連書籍売上
料理関連書籍の売上ベスト 5 は、次のとおりです。

以上

担当：河野

Hint!

- ●タイトル ：フォント「游ゴシック」・フォントサイズ「14」・太字
- ●「●料理関連書籍売上」：フォント「MSPゴシック」・フォントサイズ「12」・フォントの色「青」

Advice

・複数の離れた範囲を選択する場合は、Ctrl を使います。

 文書に「Lesson18」と名前を付けて保存しましょう。
「Lesson57」、「Lesson63」で使います。

32

Lesson 19 第2章 社内アンケート

解答 ▶ P.7

難易度

文書「Lesson2」を開きましょう。

書式を設定しましょう。

社員旅行アンケート

来年の社員旅行をよりよいものにするため、アンケートにご協力ください。

提出期限：10月9日（金）
提出方法：メールに添付して送付
提　出　先：総務部□吉岡□yoshioka@xx.xx

Hint!

● タイトル：フォント「MSゴシック」・フォントサイズ「20」・網かけ「黒、テキスト1」

文書に「Lesson19」と名前を付けて保存しましょう。
「Lesson54」で使います。

難易度

 文書「Lesson5」を開きましょう。

書式を設定しましょう。

No.2020151

2021 年 1 月 22 日

各位

総務部長

個人情報保護研修会開催について

当社では、個人情報保護の取り組みとしてプライバシーポリシーを制定しました。個人情報保護の必要性や重要性を認識し、定着させることが社内の緊急の課題となっております。
つきましては、下記のとおり「個人情報保護研修会」を実施しますので、参加日を各部署にて取りまとめのうえ、ご回答をお願いします。
なお、派遣社員およびアルバイト社員も対象とします。

記

1. 開催日時：2021 年 2 月 16 日（火）・17 日（水）・18 日（木）
   午前 10 時～正午
2. 研修会場：本社ビル 5F□第 1・2 会議室
3. 研修内容：個人情報保護規定□※ホームページを参照
4. 回答期限：2021 年 2 月 2 日（火）□午後 5 時まで
5. 回答方法：別紙申込書にご記入のうえ、下記担当までメールにてご回答ください。
6. 回答先□：総務部□soumu@xxxx.xx.xx

以上

担当：木村

内線：1234-XXXX

Hint!

- タイトル　　　　　　　　：フォント「MSゴシック」・フォントサイズ「16」・太字
- 16～22行目のインデント：左「3字」
- 26～27行目のインデント：左「32字」
- 段落番号
- 17行目のタブ位置　　　：「10字」

Advice

- インデントやタブ位置を正確に設定する場合は、数値を指定すると効率的です。

 文書に「Lesson20」と名前を付けて保存しましょう。

難易度

📄 文書「Lesson3」を開きましょう。

書式を設定しましょう。

2020 年 11 月 4 日

関係者各位

営業企画部

アンケート集計結果報告（10 月）

10 月に宿泊されたお客様のアンケートの集計結果は以下のとおりです。

● → 実施時期：2020 年 10 月 1 日（木）〜10 月 31 日（土）
● → 回答人数：121 名
● → 集計結果：

単位：人

● → 所感：当ホテルのロケーションや食事、サービスは半数以上のお客様に満足していただ
けているようだ。客室や料金の「やや不満足」「不満足」にチェックされたお客様から
は、次のような意見をいただいた。次回の会議の議題としたい。
➤ → 居間のようにくつろぐスペースと寝室をわけてほしい。
➤ → 加湿器を置いてほしい。
➤ → 別館の宿泊料金を本館より安くしてほしい。

担当：大野

● タイトル：フォントサイズ「20」・太字
● 箇条書き

Advice

・箇条書きは、すべての段落にまとめて設定したあと、18〜20行目だけレベルを変更します。

 文書に「Lesson21」と名前を付けて保存しましょう。
「Lesson62」で使います。

難易度

 文書「Lesson6」を開きましょう。

書式を設定しましょう。

2020 年 11 月 6 日

お取引先各位

クリーン・クリアライト株式会社

代表取締役□石原□和則

創立 20 周年記念パーティーのご案内

拝啓□晩秋の候、貴社ますますご盛栄のこととお慶び申し上げます。平素は格別のご高配を賜り、厚く御礼申し上げます。

□さて、弊社は 12 月 3 日をもちまして創立 20 周年を迎えます。この節目の年を無事に迎えることができましたのも、ひとえに皆様方のおかげと感謝の念に堪えません。

□つきましては、創立 20 周年の記念パーティーを下記のとおり開催いたします。当日は弊社の OB や家族も出席させていただき、にぎやかな会にする予定でございます。ご多用中とは存じますが、ご参加くださいますようお願い申し上げます。

敬具

記

開 催 日□2020 年 12 月 3 日（木）

開催時間□午後 6 時 30 分～午後 8 時 30 分

会　　　場□桜グランドホテル□4F□悠久の間

以上

Hint!

- タイトル　：スタイル「表題」
- インデント：左「9.5字」

 文書に「Lesson22」と名前を付けて保存しましょう。
「Lesson69」で使います。

Lesson 23 第2章 教育方針

PDF 解答 ▶ P.8

難易度

文書「Lesson8」を開きましょう。

書式を設定しましょう。

桔便高等学校教育方針

礼節を重んじ、人を敬う心を育てるために、礼儀や道徳の指導を重視し、社会に貢
献できる人格を形成します。

教養を高め、将来の夢の実現に必要な知識や技能を磨き、社会の変化に対応できる
能力を身に付けます。

自分をとりまく社会について知り、自分の適性を見極め、進路を切り開く自立心を
育てます。

Hint!

●タイトル：フォント「MSゴシック」・太字
●ドロップキャップ

Advice

・ F4 を押すと直前の操作を繰り返すことができます。

文書に「Lesson23」と名前を付けて保存しましょう。
「Lesson36」で使います。

第1章
第2章
第3章
第4章
第5章
第6章
第7章
第8章
第9章
総合問題

37

解答 ▶ P.9

難易度

File 文書「Lesson14」を開きましょう。

書式を設定しましょう。

なかよし児童館を
きれいにしよう！

子どもたちの元気があふれる「なかよし児童館」を清掃します。

子どもたちが気持ちよく安心して遊べるように、

地域のみんなの力で明るく清潔な児童館にしましょう！

親子での参加もお待ちしています！

日時□：□２０２０年９月５日（土）
集合時間□：□午前８時
集合場所□：□なかよし児童館□玄関前
持ち物□：□軍手、タオル、水筒□ 9月とはいえ、まだ暑いので暑さ対策を忘れないようにしましょう。

なかよし児童館□電話□０３－ＸＸＸＸ－ＸＸＸＸ

Hint!

●テーマ	：「ギャラリー」
●タイトル	：フォント「MS UI Gothic」・フォントサイズ「60」・ 文字の効果と体裁「塗りつぶし：赤、アクセントカラー1；影」
●4～7行目の行間	：「2.0」
●割注	：「9月とはいえ、まだ暑いので暑さ対策を忘れないようにしましょう。」（12行目）
●組み文字	：「電話」（14行目）

Advice

• フォントサイズは、数値を直接入力してサイズを設定できます。
• 割注を設定する場合は、《ホーム》タブ→《段落》グループの（拡張書式）を使います。

 文書に「Lesson24」と名前を付けて保存しましょう。
「Lesson37」で使います。

Lesson 25 第2章 メンバー募集

 解答 ▶ P.9

難易度

 文書「Lesson10」を開きましょう。

書式を設定しましょう。

かえで東小ミニバス

「ミニバスケットボールってどんなスポーツ？」「どんなことをしているのかな？」
「ちょっとやってみたいな」と思っている人は、公開練習に参加してみよう！

●公開練習

日にち → 時間 → 場所
5月17日（日）→ 9：00〜12：00 かえで東小体育館
5月24日（日）→ 〃 → 〃
5月31日（日）→ 〃 → 〃

●練習内容

●その他の活動

合宿（8月）、スキー（2月）□ など

かえで東小ミニバス代表者:赤川さつき

（電話□090－XXXX－XXXX）

Hint!

- ●テーマ　　　　　　　　　　　　　：「スライス」
- ●12行目、18行目、20行目の文字：フォントサイズ「16」
- ●ルビ　　　　　　　　　　　　　　：「赤川」（22行目）

Advice

- 公開練習の日程（13〜16行目）は、あとから表に変換できるように Tab を使って入力します。
- 「〃」は「おなじ」と入力して変換します。

 文書に「Lesson25」と名前を付けて保存しましょう。
「Lesson35」で使います。

Lesson 26 第2章 掃除のコツ

解答 ▶ P.10

難易度

File 文書「Lesson17」を開きましょう。

書式を設定しましょう。

1ページ目

掃除のコツと裏ワザ

・効率的な掃除の方法

家の中には、いつもきれいにしておきたいと思いながらもなかなか手がつけられず、結局年に一度の大掃除となってしまう、という場所があります。なかなか掃除をしないから汚れもひどくなり、少しくらい掃除をしただけではきれいにならない、掃除が嫌になってさらに汚れがたまる、という悪循環が発生しています。台所のガスコンロや換気扇、窓ガラスや網戸などがその代表例です。これらの場所は、掃除が苦手な人だけでなく掃除が得意な人にとっても、汚れがたまると掃除するのが億劫になる場所であり、掃除の悪循環が発生しやすい場所といえます。

・掃除の裏ワザ

洗剤の成分や道具などの商品知識を豊かにしたり、手順や要領を身に付けたりすると、家庭にあるものを上手に活用することができます。汚れがたまる前に試してみましょう。

・やかんの湯垢
少量の酢を入れた濃い塩水に一晩つけて置き、スチールウールでこすり落とします。

・コップ・急須などの茶渋
みかんの皮に塩をまぶして茶渋をこすりとり、布に水を含ませた重曹をつけて磨きます。

・まな板
レモンの切れ端でこすり、漂白します。

・フキンの黒ずみ
カップ1杯の水にレモン半分とフキンを入れて煮ます。

・鏡
クエン酸を水で溶かしたものをスプレーします。しばらく放置してから水拭きします。

・蛇口
古いストッキングやナイロンタオルで磨きます。

・金属磨き
布に練り歯磨きをつけて磨きます。狭いところは先をつぶした爪楊枝を使います。

1

銀製品は重曹を使います。

▪ 掃除のコツ

掃除の達人は、「簡単な掃除の知識さえあれば、汚れを落とすことができ、やる気も起きてどんどんきれいになっていく」と言っています。

身近なものを使って汚れが落ちる掃除のコツと裏ワザを、DIY（DIY とは、Do It Yourself の略で、自分の頭と手を使って快適な住まいを創造すること。）に詳しい中村博之さんに伺いました。もし、あなたが掃除が苦手でも大丈夫。ここで紹介してる掃除のコツを読んで、掃除の悪循環から抜け出しましょう。

▪ ガスコンロ

調理の際の煮物の吹きこぼれ、炒めものの油はねなどはその場で拭き取っておくとよいでしょう。それでもたまっていく焦げつき汚れは、重曹を使った煮洗いが効果的です。焦げつきが柔らかくなり、落としやすくなります。

【手順】

① → 大きな鍋に水を入れ重曹を加えます。

② → その中に五徳や受け皿、グリルなどをつけて 10 分ほど煮てから水洗いします。

▪ 台所の換気扇

換気扇の油汚れには、つけ置き洗いがおすすめです。洗剤は市販の専用品ではなく、身近にあるもので十分です。

【手順】

① → 酵素系漂白剤（弱アルカリ性）カップ 2〜3 杯に、食器洗い洗剤（中性）を小さじ 3 杯入れて混ぜ、つけ置き洗い用洗剤を作ります。（アルカリ性の油汚れ用洗剤でつけ置き洗いをすると塗装までがはがれることもあるので注意が必要。）

② → 換気扇の部品をはずし、ひどい汚れは割り箸で削り落とします。

③ → シンクや大きな入れ物の中に汚れ防止用のビニール袋を敷き、40 度ほどのお湯を入れてから①を加えて溶かします。その中に部品を 1 時間ほどつけて置きます。

④ → 歯ブラシで汚れを落としたあとに水洗いしてできあがりです。

▪ 窓ガラス

窓ガラスの汚れは、一般的には住居用洗剤を吹きつけて拭き取ります。水滴をそのままにしておくと、跡になってしまうのでから拭きするのがコツです。から拭きには丸めた新聞紙を使うとよいでしょう。インクがワックス代わりをしてくれます。

【手順】

① → 1%に薄めた住居用洗剤を霧吹きで窓ガラスに吹きつけ、スポンジでのばします。

② → 窓ガラスの左上から右へとスクイージーを浮かせないように引き、枠の手前で止めて、スクイージーのゴム部分の水を拭き取ります。

第1章
第2章
第3章
第4章
第5章
第6章
第7章
第8章
第9章
総合問題

③→同じように下段へと進み、下まで引いたら、右側の残した部分を上から下へと引きおろします。↵

④→仕上げに丸めた新聞紙でから拭きします。↵

▪ **網戸**

網戸は外して水洗いするのが理想的ですが、無理な場合は、塗装用のコテバケを使うとよいでしょう。↵

【手順】↵

①→住居用洗剤を溶かしたぬるま湯にコテバケをつけて絞り、網の上下または左右に塗ります。↵

②→しばらく放置したあと固く絞った雑巾で拭き取ります。↵

↵

▪ **ブラインド**

ブラインド専用の掃除用具も販売されていますが、軍手を使うと簡単に汚れを取ることができます。↵

【手順】↵

①→ゴム手袋をした上に軍手をはめます。↵

②→指先に水で薄めた住居用洗剤をつけて絞り、ブラインドを指で挟むように拭きます。↵

③→軍手を水洗いして水拭きをします。↵

④→仕上げに乾いた軍手でから拭きします。↵

↵

Hint!

●タイトル 　　：フォントサイズ「20」・太字・フォントの色「濃い赤」
●大見出し 　　：スタイル「見出し1」・太字・一重下線
●小見出し 　　：スタイル「見出し2」・太字
●段落番号
●割注 　　　　：「DIYとは、Do It Yourselfの略で、自分の頭と手を使って快適な住まいを創造すること。」（2ページ5行目の「DIY」の後ろ）
　　　　　　　　「アルカリ性の油汚れ用洗剤でつけ置き洗いをすると塗装まではがれることもあるので注意が必要。」（2ページ22行目）
●ページ番号：ページの下部「番号のみ2」

Advice

• 割注を設定する文字が入力されていない場合は入力します。

文書に「Lesson26」と名前を付けて保存しましょう。
「Lesson73」で使います。

42

Lesson 27 第2章 記念プラン

解答 ▶ P.11

難易度

File 文書「Lesson11」を開きましょう。

書式を設定しましょう。

SPA RESORT HOTEL は、オープン 3 周年を迎えることができました。みなさまのご愛顧に感謝し、「オープン 3 周年記念プラン」を提供させていただきます。
この機会にぜひ当ホテルをご利用ください。

SPA RESORT HOTEL の自慢
- → すばらしいロケーション
- → 海洋深層水のスパ＆エステ

周辺の主な観光地
- → かえで市自然公園
- → 県立かえで臨海水族館

オープン 3 周年記念プラン
1 泊 1 食付き・大人 1 名様（消費税・サービス料込み）
　　　→　通常料金　→　プラン料金
一般客室　→　¥30,000 → ¥25,000
専用風呂付き客室　→　¥38,000 → ¥33,000

宿泊のご予約（https://www.sparesorthotel.xx.xx/）
お問い合わせ（toiawase@sparesorthotel.xx.xx）

SPA RESORT HOTEL

Hint!

- 8行目、12行目、16行目の文字：フォントサイズ「12」・太字・文字の網かけ
- プラン料金：フォントの色「赤」
- 箇条書き
- ヘッダー　：段落罫線「青、アクセント1、白＋基本色60％」、線の太さ「6pt」
- フッター　：フォントサイズ「9」・太字・段落罫線「青、アクセント1、白＋基本色60％」・線の太さ「6pt」

Advice

- 記念プランの料金（18〜20行目）は、あとから表に変換できるように Tab を使って入力します。
- （書式のコピー/貼り付け）を使うと、設定されている書式を別の場所にコピーできます。

File 文書に「Lesson27」と名前を付けて保存しましょう。
「Lesson33」、「Lesson40」で使います。

難易度

 文書「Lesson13」を開きましょう。

① 書式を設定しましょう。

---

10 月 12 日の献立

朝食

スクランブルエッグ
野菜サラダ
トースト
カフェオレ

昼食

ハムと野菜のサンドイッチ
ツナサラダ
牛乳

間食

グレープフルーツ 1/2 個
ドーナツ 1 個

夕食

鮭と野菜の蒸し物
長いもとわかめの酢の物
胚芽玄米ごはん
なめこと豆腐の味噌汁

<カロリー表>

単位：kcal

Hint!

●タイトル ：フォント「MSゴシック」・フォントサイズ「28」・文字の効果と体裁「塗りつぶし：青、アクセントカラー5；輪郭：白、背景色1；影（ぼかしなし）：青、アクセントカラー5」
●スタイル（項目名）：名前「項目名」・フォントサイズ「14」・太字
●インデント ：左「34字」

Advice

・新しいスタイルを作成し、項目名に設定します。

② 書式を変更しましょう。

10 月 12 日の献立

朝食

スクランブルエッグ
野菜サラダ
トースト
カフェオレ

昼食

ハムと野菜のサンドイッチ
ツナサラダ
牛乳

間食

グレープフルーツ 1/2 個
ドーナツ 1 個

夕食

鮭と野菜の蒸し物
長いもとわかめの酢の物
胚芽玄米ごはん
なめこと豆腐の味噌汁

<カロリー表>

単位：kcal

第1章
第2章
第3章
第4章
第5章
第6章
第7章
第8章
第9章
総合問題

Hint!

●スタイル（項目名）：フォント「MSP明朝」・斜体・下線

Advice

・作成したスタイルを使って一度に書式を変更します。

文書に「Lesson28」と名前を付けて保存しましょう。
「Lesson46」で使います。

難易度

File 文書「Lesson15」を開きましょう。

書式を設定しましょう。

1ページ目

配布資料

インターネットに潜む危険

インターネットには危険が潜んでいる

インターネットはとても便利ですが、危険が潜んでいることを忘れてはいけません。世の中にお金をだまし取ろうとする人や他人を傷つけようとする人がいるように、インターネットの世界にも同じような悪い人がいるのです。インターネットには便利な面も多いですが、危険な面もあります。どのような危険が潜んでいるかを確認しましょう。

個人情報が盗まれる

オンラインショッピングのときに入力するクレジットカード番号などの個人情報が盗まれて、他人に悪用されてしまうことがあります。個人情報はきちんと管理しておかないと、身に覚えのない利用料金を請求されることになりかねません。

外部から攻撃される

インターネットで世界中の情報を見ることができるというのは、逆にいえば、世界のだれかが自分のパソコンに侵入する可能性があるということです。しっかりガードしておかないと、パソコンから大切な情報が漏れてしまったり、パソコン内の情報を壊すような攻撃をしかけられたりします。

———————改ページ———————

1

配布資料

ウイルスに感染する

「コンピューターウイルス」とは、パソコンの正常な動作を妨げるプログラムのことで、単に「ウイルス」ともいいます。ウイルスに感染すると、パソコンが起動しなくなったり、動作が遅くなったり、ファイルが壊れたりといった深刻な被害を引き起こすことがあります。ウイルスの感染経路として次のようなことがあげられます。

①→ホームページを表示する
②→インターネットからダウンロードしたファイルを開く
③→Eメールに添付されているファイルを開く
④→USBメモリなどのメディアを利用する

ウイルスの種類

情報や人にだまされる

インターネット上の情報がすべて真実で善意に満ちたものとは限りません。内容が間違っていることもあるし、見る人をだまそうとしていることもあります。巧みに誘い込まれて、無料だと思い込んで利用したサービスが、実は有料だったということも少なくありません。また、インターネットを通して新しい知り合いができるかもしれませんが、中には、悪意を持って近づいてくる人もいます。安易に誘いに乗ると、危険な目にあう可能性があります。

◆→フィッシング詐欺
「フィッシング詐欺」とは、パスワードなどの個人情報を搾取する目的で、送信者名を金融機関などの名称で偽装してEメールを送信し、Eメール本文から巧妙に作られたホームページへジャンプするように誘導する詐欺です。誘導したホームページに暗証番号やクレジットカード番号を入力させて、それを不正に利用します。

◆→ワンクリック詐欺
「ワンクリック詐欺」とは、クリックしただけなのに、表示されるホームページで利用料金を請求するような詐欺のことです。ホームページに問い合わせ先やキャンセル時の連絡先などが表示されていることもありますが、絶対に自分から連絡をしてはいけません。

> 【事例】□受信したEメールに記載されているアドレスをクリックしてホームページを表示したところ、「会員登録が完了したので入会金をお支払いください。」と一方的に請求された。

2

☀Hint!

● タイトル ：フォント「MSゴシック」・フォントサイズ「20」・文字の効果と体裁「塗りつぶし（グラデーション）：青、アクセントカラー5；反射」

● 段落番号

● 「ウイルスの種類」：フォント「MSゴシック」・フォントサイズ「12」・囲み線・文字の網かけ

● 箇条書き

● 2ページ31～33行目のインデント：左「2.5字」

● ページ番号 ：ページの下部「細い線」

 文書に「Lesson29」と名前を付けて保存しましょう。
「Lesson32」で使います。

PDF 解答 ▶ P.13

 文書「Lesson9」を開きましょう。

書式を設定しましょう。

難易度

桔梗高等学校体験入学のご案内

桔梗高等学校では毎年体験入学を開催しています。
授業やカフェテリアでの昼食、部活動など、桔梗高等学校での高校生活を一日体験してみませんか。

■対象者：中学2、3年生

■日時
　①→2020年10月17日（土）9:30〜14:00
　②→2020年10月24日（土）9:30〜14:00
　※どちらの日も内容は同じです。

■当日のスケジュール
　①→9:00〜9:30□受付
　②→9:30〜9:45□オリエンテーション
　③→9:45〜10:15□校内見学
　④→10:15〜12:00□授業体験
　⑤→12:00〜13:00□昼食□※カフェテリアをご利用いただけます。
　⑥→13:00〜14:00□部活動体験

■コース
　①→普通科
　②→情報科
　③→体育科

■その他
　服□装：中学校の制服
　持ち物：筆記用具、上履き、体操着（体育科コース希望者・運動部体験希望者）

■お申し込み方法および期限
　10月9日（金）までに桔梗高等学校庶務課へお申し込みください。

■お問い合わせ先
　学校法人□桔梗高等学校□庶務課□045-XXX-XXXX

●タイトル　：フォントサイズ「**24**」・太字・文字の効果と体裁「**塗りつぶし：青、アクセントカラー5；輪郭：**
　　　　　　　白、背景色1；影（ぼかしなし）：青、アクセントカラー5」
●インデント：左「**2字**」
●段落番号

・段落番号を①からふり直す場合は、段落番号を右クリックし、ショートカットメニューの《**①から再開**》
を使います。
・傍点を設定する場合は、《**フォント**》ダイアログボックスを使います。

文書に「**Lesson30**」と名前を付けて保存しましょう。
「**Lesson44**」で使います。

第1章

第2章

第3章

第4章

第5章

第6章

第7章

第8章

第9章

総合問題

PDF 解答 ▶ P.13

難易度

File 文書「Lesson16」を開きましょう。

① 書式を設定しましょう。

1ページ目

インターネットの安全対策

1□危険から身を守るには

インターネットには危険がいっぱい、インターネットを使うのをやめよう！なんて考えていませんか？どうしたら危険を避けることができるのでしょうか。信用できない人とやり取りしない、被害にあったら警察に連絡するなどの安全対策が何より大切です。

パスワードは厳重に管理する

インターネット上のサービスを利用するときは、ユーザー名とパスワードで利用するユーザーが特定されます。その情報が他人に知られると、他人が無断でインターネットに接続したり、サービスを利用したりする危険があります。パスワードは、他人に知られないように管理します。パスワードを尋ねるような問い合わせに応じたり、人目にふれるところにパスワードを書いたメモを置いたりすることはやめましょう。また、パスワードには、氏名、生年月日、電話番号など簡単に推測されるものを使ってはいけません。

他人のパソコンで個人情報を入力しない

インターネットカフェなど不特定多数の人が利用するパソコンに、個人情報を入力することはやめましょう。入力したユーザー名やパスワードがパソコンに残ってしまったり、それらを保存するようなしかけがされていたりする可能性があります。

個人情報をむやみに入力しない

懸賞応募や占い判定など楽しい企画をしているホームページで、個人情報を入力する場合は、信頼できるホームページであるかを見極めてからにしましょう。

SSL 対応を確認して個人情報を入力する

個人情報やクレジットカード番号など重要な情報を入力する場合、「SSL」に対応したホームページであることを確認します。SSL とは、ホームページに書き込む情報が漏れないように暗号化するしくみです。SSL に対応したホームページは、アドレスが「https://」で始まり、アドレスバーに鍵のアイコンが表示されます。

怪しいファイルは開かない

知らない人から届いた E メールや怪しいホームページからダウンロードしたファイルは、絶対に開いてはいけません。ファイルを開くと、ウイルスに感染してしまうことがあります。

ホームページの内容をよく読む

ホームページの内容をよく読まずに次々とクリックしていると、料金を請求される可能性があります。有料の表示をわざと見えにくくして利用者に気付かせないようにしているものもあります。このような場合、見る側の不注意とみなされ高額な料金を支払うことになる場合もあります。ホ

ームページの内容はよく読み、むやみにクリックすることはやめましょう。↲
↲

電源を切断する↲

インターネットに接続している時間が長くなると、外部から侵入される可能性が高くなります。
パソコンを利用しないときは電源を切断するように心がけましょう。↲
↲

2□加害者にならないために↲

インターネットを利用していて、最も怖いことは自分が加害者になってしまうことです。加害者
にならないために、正しい知識を学びましょう。↲
↲

ウイルス対策をする↲

ウイルスに感染しているファイルをEメールに添付して送ったり、ホームページに公開したりし
てはいけません。知らなかったではすまされないので、ファイルをウイルスチェックするなどウ
イルス対策には万全を期しましょう。↲
↲

個人情報を漏らさない↲

SNSやブログなどに他人の個人情報を書き込んではいけません。仲間うちの人しか見ていないか
ら大丈夫！といった油断は禁物です。ホームページの内容は多くの人が見ていることを忘れては
いけません。↲
↲

著作権に注意する↲

文章、写真、イラスト、音楽などのデータにはすべて「著作権」があります。自分で作成したホー
ムページに、他人のホームページのデータを無断で転用したり、新聞や雑誌などの記事や写真を
無断で転載したりすると、著作権の侵害になることがあります。↲
↲

肖像権に注意する↲

自分で撮影した写真でも、その写真に写っている人に無断でホームページに掲載すると、「肖像権」
の侵害になることがあります。写真を掲載する場合は、家族や親しい友人でも一言声をかけるよ
うにしましょう。↲
↲

第1章
第2章
第3章
第4章
第5章
第6章
第7章
第8章
第9章
総合問題

☀Hint!

- ●タイトル　　　　：フォントサイズ「18」・太字
- ●スタイル（大項目）：名前「**大項目**」・網かけ「**黒、テキスト1**」
- ●スタイル（小項目）：名前「**小項目**」・太字・斜体

◀ Advice

- 新しいスタイルを2つ作成し、大項目と小項目にそれぞれを設定します。

②　書式を変更しましょう。

インターネットの安全対策

1□危険から身を守るには

インターネットには危険がいっぱい、インターネットを使うのをやめよう！なんて考えていませんか？どうしたら危険を避けることができるのでしょうか。信用できない人とやり取りしない、被害にあったら警察に連絡するなどの安全対策が何より大切です。

パスワードは厳重に管理する

インターネット上のサービスを利用するときは、ユーザー名とパスワードで利用するユーザーが特定されます。その情報が他人に知られると、他人が無断でインターネットに接続したり、サービスを利用したりする危険があります。パスワードは、他人に知られないように管理します。パスワードを尋ねるような問い合わせに応じたり、人目にふれるところにパスワードを書いたメモを置いたりすることはやめましょう。また、パスワードには、氏名、生年月日、電話番号など簡単に推測されるものを使ってはいけません。

他人のパソコンで個人情報を入力しない

インターネットカフェなど不特定多数の人が利用するパソコンに、個人情報を入力することはやめましょう。入力したユーザー名やパスワードがパソコンに残ってしまったり、それらを保存するようなしかけがされていたりする可能性があります。

個人情報をむやみに入力しない

懸賞応募や占い判定など楽しい企画をしているホームページで、個人情報を入力する場合は、信頼できるホームページであるかを見極めてからにしましょう。

SSL対応を確認して個人情報を入力する

個人情報やクレジットカード番号など重要な情報を入力する場合、「SSL」に対応したホームページであることを確認します。SSL とは、ホームページに書き込む情報が漏れないように暗号化するしくみです。SSL に対応したホームページは、アドレスが「https://」で始まり、アドレスバーに鍵のアイコンが表示されます。

怪しいファイルは開かない

知らない人から届いた E メールや怪しいホームページからダウンロードしたファイルは、絶対に開いてはいけません。ファイルを開くと、ウイルスに感染してしまうことがあります。

ホームページの内容をよく読む

ホームページの内容をよく読まずに次々とクリックしていると、料金を請求される可能性があります。有料の表示をわざと見えにくくして利用者に気付かせないようにしているものもあります。

- 1 / 3 -

このような場合、見る側の不注意とみなされ高額な料金を支払うことになる場合もあります。ホームページの内容はよく読み、むやみにクリックすることはやめましょう。

電源を切断する

インターネットに接続している時間が長くなると、外部から侵入される可能性が高くなります。パソコンを利用しないときは電源を切断するように心がけましょう。

———————改ページ———————

第1章
第2章
第3章
第4章
第5章
第6章
第7章
第8章
第9章
総合問題

2□加害者にならないために

インターネットを利用していて、最も怖いことは自分が加害者になってしまうことです。加害者にならないために、正しい知識を学びましょう。

ウイルス対策をする

ウイルスに感染しているファイルをEメールに添付して送ったり、ホームページに公開したりしてはいけません。知らなかったではすまされないので、ファイルをウイルスチェックするなどウイルス対策には万全を期しましょう。

個人情報を漏らさない

SNSやブログなどに他人の個人情報を書き込んではいけません。仲間うちの人しか見ていないから大丈夫！といった油断は禁物です。ホームページの内容は多くの人が見ていることを忘れてはいけません。

著作権に注意する

文章、写真、イラスト、音楽などのデータにはすべて「著作権」があります。自分で作成したホームページに、他人のホームページのデータを無断で転用したり、新聞や雑誌などの記事や写真を無断で転載したりすると、著作権の侵害になることがあります。

肖像権に注意する

自分で撮影した写真でも、その写真に写っている人に無断でホームページに掲載すると、「肖像権」の侵害になることがあります。写真を掲載する場合は、家族や親しい友人でも一言声をかけるようにしましょう。

-3-/-3-

● スタイル変更（大項目）：フォントサイズ「12」・太字
● スタイル変更（小項目）：斜体解除・網かけ「オレンジ、アクセント2、白＋基本色60%」
● オプション　　　　　：禁則文字の設定「高レベル」
● ページ番号　　　　　：ページの下部「太字の番号2」

🔊 Advice

・長音や拗音が行頭に表示されないようにするには、禁則文字を設定します。

 文書に「Lesson31」と名前を付けて保存しましょう。
「Lesson48」、「Lesson74」で使います。

第3章

Chapter 3

グラフィック機能を使って
表現力をアップする

解答 ▶ P.15

難易度

文書「Lesson29」を開きましょう。

画像を挿入し、文書を編集しましょう。

1ページ目

配布資料

インターネットに潜む危険

インターネットには危険が潜んでいる

インターネットはとても便利ですが、危険が潜んでいることを忘れてはいけません。世の中にお金をだまし取ろうとする人や他人を傷つけようとする人がいるように、インターネットの世界にも同じような悪い人がいるのです。インターネットには便利な面も多いですが、危険な面もあります。どのような危険が潜んでいるかを確認しましょう。

個人情報が盗まれる

オンラインショッピングのときに入力するクレジットカード番号などの個人情報が盗まれて、他人に悪用されてしまうことがあります。個人情報はきちんと管理しておかないと、身に覚えのない利用料金を請求されることになりかねません。

外部から攻撃される

インターネットで世界中の情報を見ることができるというのは、逆にいえば、世界のだれかが自分のパソコンに侵入する可能性があるということです。しっかりガードしておかないと、パソコンから大切な情報が漏れてしまったり、パソコン内の情報を壊すような攻撃をしかけられたりします。

----------改ページ----------

1

配布資料

ウイルスに感染する

「コンピューターウイルス」とは、パソコンの正常な動作を妨げるプログラムのことで、単に「ウイルス」ともいいます。ウイルスに感染すると、パソコンが起動しなくなったり、動作が遅くなったり、ファイルが壊れたりといった深刻な被害を引き起こすことがあります。ウイルスの感染経路として次のようなことがあげられます。

①→ホームページを表示する
②→インターネットからダウンロードしたファイルを開く
③→Eメールに添付されているファイルを開く
④→USBメモリなどのメディアを利用する

ウイルスの種類

情報や人にだまされる

インターネット上の情報がすべて真実で善意に満ちたものとは限りません。内容が間違っていることもあるし、見る人をだまそうとしていることもあります。巧みに誘い込まれて、無料だと思い込んで利用したサービスが、実は有料だったということも少なくありません。また、インターネットを通して新しい知り合いができるかもしれませんが、中には、悪意を持って近づいてくる人もいます。安易に誘いに乗ると、危険な目にあう可能性があります。

◆→フィッシング詐欺

「フィッシング詐欺」とは、パスワードなどの個人情報を搾取する目的で、送信者名を金融機関などの名称で偽装してEメールを送信し、Eメール本文から巧妙に作られたホームページへジャンプするように誘導する詐欺です。誘導したホームページに暗証番号やクレジットカード番号を入力させて、それを不正に利用します。

◆→ワンクリック詐欺

「ワンクリック詐欺」とは、クリックしただけなのに、表示されるホームページで利用料金を請求するような詐欺のことです。ホームページに問い合わせ先やキャンセル時の連絡先などが表示されていることもありますが、絶対に自分から連絡をしてはいけません。

> 【事例】□受信したEメールに記載されているアドレスをクリックしてホームページを表示したところ、「会員登録が完了したので入会金をお支払いください。」と一方的に請求された。

2

Hint!

● 画像：「**インターネット**」・文字列の折り返し「**前面**」

Advice

- 画像「**インターネット**」はダウンロードしたフォルダー「**Word2019演習問題集**」のフォルダー「**画像**」のフォルダー「**Lesson32**」の中に収録されています。《**PC**》→《**ドキュメント**》→「**Word2019演習問題集**」→「**画像**」→「**Lesson32**」から挿入してください。
- 画像の位置を調整するには「**配置ガイド**」を利用すると効率的です。

文書に「**Lesson32**」と名前を付けて保存しましょう。
「**Lesson53**」で使います。

Lesson 33 第3章 記念プラン

PDF 解答 ▶ P.15

文書「Lesson27」を開きましょう。

ワードアートや画像を挿入し、文書を編集しましょう。

難易度

オープン 3 周年記念プラン
SPA·RESORT·HOTEL

SPA·RESORT·HOTEL は、オープン 3 周年を迎えることができました。みなさまのご愛顧に感謝し、「オープン 3 周年記念プラン」を提供させていただきます。
この機会にぜひ当ホテルをご利用ください。

SPA RESORT HOTEL の自慢
- → すばらしいロケーション
- → 海洋深層水のスパ&エステ

周辺の主な観光地
- → かえで市自然公園
- → 県立かえで臨海水族館

宿泊のご予約（https://www.sparesorthotel.xx.xx/）
お問い合わせ（toiawase@sparesorthotel.xx.xx）

SPA·RESORT·HOTEL

Hint!

- ●ワードアート：スタイル「塗りつぶし（グラデーション）：青、アクセントカラー5；反射」・フォント「MSPゴシック」・文字列の折り返し「上下」・水平方向の配置「中央揃え」基準「段」・変形「凹レンズ：上、凸レンズ：下」
- ●画像　　　　：「ハネムーン」・スタイル「楕円、ぼかし」・文字列の折り返し「四角形」・高さ「48mm」

Advice

- 画像「ハネムーン」はダウンロードしたフォルダー「Word2019演習問題集」のフォルダー「画像」のフォルダー「Lesson33」の中に収録されています。《PC》→《ドキュメント》→「Word2019演習問題集」→「画像」→「Lesson33」から挿入してください。
- 必要のない文字や行は削除します。

文書に「Lesson33」と名前を付けて保存しましょう。
「Lesson39」で使います。

PDF 解答 ▶ P.16

File 新しい文書を作成しましょう。

画像やワードアート、SmartArtグラフィックを挿入し、文書を作成しましょう。

難易度

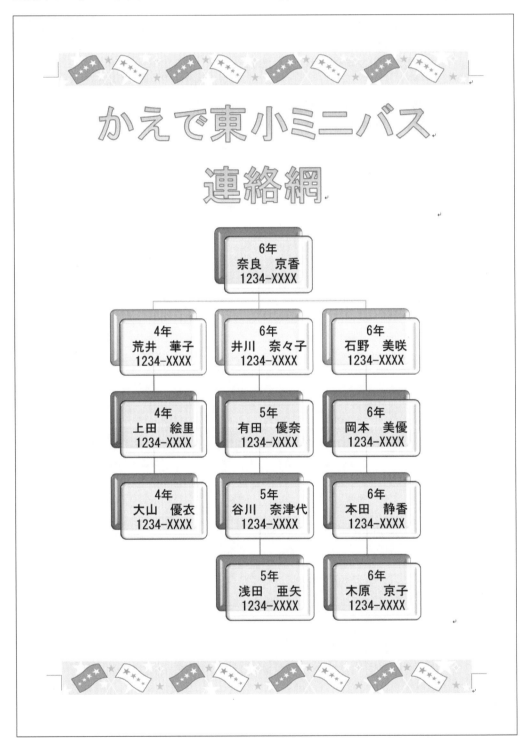

⋰Hint!

●ページ設定	：余白「やや狭い」
●ヘッダーとフッターの画像	：「旗」
●ワードアート	：スタイル「塗りつぶし（グラデーション）：ゴールド、アクセントカラー4；輪郭：ゴールド、アクセントカラー4」・フォント「ＭＳＰゴシック」・フォントサイズ「48」・太字・文字の輪郭「オレンジ、アクセント2」・文字列の折り返し「行内」
●SmartArtグラフィック	：「階層」・色「カラフル-アクセント3から4」・スタイル「凹凸」・フォント「ＭＳゴシック」

◉Advice

- 画像「旗」はダウンロードしたフォルダー「Word2019演習問題集」のフォルダー「画像」のフォルダー「Lesson34」の中に収録されています。《PC》→《ドキュメント》→「Word2019演習問題集」→「画像」→「Lesson34」から挿入してください。
- SmartArtグラフィックを挿入する前に、Enterを押して空白行を挿入しておきます。
- SmartArtグラフィック内の図形を削除する場合は、削除する図形を選択し、Deleteを押します。
- SmartArtグラフィックに文字を入力するには、テキストウィンドウを利用すると効率的です。
- SmartArtグラフィック内で改行するには、Shiftを押しながらEnterを押します。

 文書に「Lesson34」と名前を付けて保存しましょう。

難易度

File　文書「Lesson25」を開きましょう。

ワードアートや図形、アイコンを挿入し、文書を編集しましょう。

「ミニバスケットボールってどんなスポーツ？」「どんなことをしているのかな？」
「ちょっとやってみたいな」と思っている人は、公開練習に参加してみよう！

●公開練習
日にち → 時間 → 場所
5月17日（日）→ 9：00〜12：00かえで東小体育館
5月24日（日）→ 〃 → 〃
5月31日（日）→ 〃 → 〃

●練習内容

●その他の活動
合宿（8月）、スキー（2月）　など

かえで東小ミニバス代表者：赤川さつき
（電話　090－XXXX－XXXX）

Hint!
- ●ワードアート（上）：スタイル「塗りつぶし：濃い青、アクセントカラー1；影」・文字の効果「3-D回転」「不等角投影1：右」・文字列の折り返し「四角形」
- ●ワードアート（下）：スタイル「塗りつぶし：オレンジ、アクセントカラー5；輪郭：白、背景色1；影（ぼかしなし）：オレンジ、アクセントカラー5」・フォントサイズ「54」・文字の効果「影」「オフセット：右下」・文字列の折り返し「上下」
- ●図形　：「爆発：8pt」・フォントサイズ「20」・スタイル「グラデーション-濃い緑、アクセント4」・文字列の折り返し「背面」
- ●アイコン　：文字列の折り返し「四角形」・塗りつぶし「オレンジ、アクセント5、黒＋基本色25%」

　文書に「Lesson35」と名前を付けて保存しましょう。
「Lesson38」で使います。

難易度

 文書「Lesson23」を開きましょう。

SmartArtグラフィックを挿入し、文書を編集しましょう。

桔梗高等学校教育方針

礼節

「桔梗」
3つの柱

自立

教養

礼 節を重んじ、人を敬う心を育てるために、礼儀や道徳の指導を重視し、社会に貢献できる人格を形成します。

教 養を高め、将来の夢の実現に必要な知識や技能を磨き、社会の変化に対応できる能力を身に付けます。

自 分をとりまく社会について知り、自分の適性を見極め、進路を切り開く自立心を育てます。

Hint!

● SmartArtグラフィック：「**基本放射**」・スタイル「**立体グラデーション**」
● 中央の円の文字　　　：太字
● その他の円の文字　　：フォント「**MSゴシック**」・フォントサイズ「**28**」・太字

 文書に「Lesson36」と名前を付けて保存しましょう。
「Lesson47」で使います。

第1章
第2章
第3章
第4章
第5章
第6章
第7章
第8章
第9章
総合問題

解答 ▶ P.18

難易度

📄 File　文書「Lesson24」を開きましょう。

テキストボックスや画像を挿入し、文書を編集しましょう。

なかよし児童館を
きれいにしよう！

子どもたちの元気があふれる「なかよし児童館」を清掃します。

子どもたちが気持ちよく安心して遊べるように、

地域のみんなの力で明るく清潔な児童館にしましょう！

親子での参加もお待ちしています！

日　　時□：□２０２０年９月５日（土）

集合時間□：□午前８時

集合場所□：□なかよし児童館□玄関前

持 ち 物□：□軍手、タオル、水筒□　（９月とはいえ、まだ暑いので暑さ対策を忘れないようにしましょう。）

なかよし児童館□🕾□□０３－ＸＸＸＸ－ＸＸＸＸ

Hint!

- ●テキストボックス：横書き・フォントサイズ「18」・塗りつぶし「ピンク、アクセント2、白＋基本色80％」・枠線の色「ピンク、アクセント2、黒＋基本色25％」・枠線の太さ「2.25pt」・文字列の折り返し「上下」・水平方向の配置「中央揃え」基準「段」
- ●画像　　　　　：「そうじ用具」・文字列の折り返し「前面」

🔊 Advice

- 画像「そうじ用具」は、ダウンロードしたフォルダー「Word2019演習問題集」のフォルダー「画像」のフォルダー「Lesson37」の中に収録されています。《PC》→《ドキュメント》→「Word2019演習問題集」→「画像」→「Lesson37」から挿入してください。

 📄 File　文書に「Lesson37」と名前を付けて保存しましょう。

難易度

File 文書「Lesson35」を開いておきましょう。

SmartArtグラフィックを挿入し、文書を編集しましょう。

Hint!

- SmartArtグラフィック ：「自動配置の表題付き画像リスト」・フォント「MSPゴシック」・フォントサイズ「18」・色「塗りつぶし-アクセント4」・スタイル「光沢」
- SmartArtグラフィック内の画像：左「バスケットボール」、中央「ゴール」、右「ゲーム」

Advice

- 画像「バスケットボール」「ゴール」「ゲーム」は、ダウンロードしたフォルダー「Word2019演習問題集」のフォルダー「画像」のフォルダー「Lesson38」の中に収録されています。《PC》→《ドキュメント》→「Word2019演習問題集」→「画像」→「Lesson38」から挿入してください。

文書に「Lesson38」と名前を付けて保存しましょう。
「Lesson56」で使います。

第1章
第2章
第3章
第4章
第5章
第6章
第7章
第8章
第9章
総合問題

難易度

File 文書「Lesson33」を開きましょう。

SmartArtグラフィックを挿入し、文書を編集しましょう。

オープン 3 周年記念プラン
SPA·RESORT·HOTEL

SPA·RESORT·HOTEL は、オープン 3 周年
を迎えることができました。みなさまのご愛
顧に感謝し、「オープン 3 周年記念プラン」
を提供させていただきます。
この機会にぜひ当ホテルをご利用ください。

SPA RESORT HOTEL の自慢

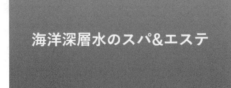

すばらしいロケーション

海洋深層水のスパ&エステ

周辺の主な観光地
- → かえで市自然公園
- → 県立かえで臨海水族館

宿泊のご予約（https://www.sparesorthotel.xx.xx/）
お問い合わせ（toiawase@sparesorthotel.xx.xx）

SPA RESORT HOTEL

☀Hint!

- ●SmartArtグラフィック　　　　：「**左右交替積み上げ画像ブロック**」・フォント「**游ゴシック**」・フォントサイズ「**18**」・太字・色「**塗りつぶし-アクセント5**」・スタイル「**グラデーション**」
- ●SmartArtグラフィック内の画像：左上「**海岸**」、右下「**エステ**」・アート効果「**十字模様：エッチング**」

🔊Advice

- ・必要のない文字は削除します。
- ・画像「**海岸**」と「**エステ**」は、ダウンロードしたフォルダー「**Word2019演習問題集**」のフォルダー「**画像**」のフォルダー「**Lesson39**」の中に収録されています。《PC》→《ドキュメント》→「**Word2019演習問題集**」→「**画像**」→「**Lesson39**」から挿入してください。

 文書に「Lesson39」と名前を付けて保存しましょう。

Lesson 40
第3章
記念プラン

PDF　解答 ▶ P.20

難易度

 文書「Lesson27」を開きましょう。

ワードアートや画像、図形を挿入し、文書を編集しましょう。

オープン3周年記念プラン

SPA RESORT HOTELは、オープン3周年を迎えることができました。みなさまのご愛顧に感謝し、「オープン3周年記念プラン」を提供させていただきます。
この機会にぜひ当ホテルをご利用ください。

SPA RESORT HOTEL の自慢
- ● → すばらしいロケーション
- ● → 海洋深層水のスパ&エステ

周辺の主な観光地
- ● → かえで市自然公園
- ● → 県立かえで臨海水族館

オープン3周年記念プラン
1泊1食付き・大人1名様（消費税・サービス料込み）
　　→　　通常料金　　→　　プラン料金
一般客室　→　~~¥30,000~~→¥25,000
専用風呂付き客室　→　~~¥38,000~~→¥33,000

宿泊のご予約
https://www.sparesorthotel.xx.xx/

お問い合わせ
toiawase@sparesorthotel.xx.xx

68

Hint!

- ●ワードアート：スタイル「**塗りつぶし：青、アクセントカラー1；影**」・フォント「**MS UI Gothic**」・太字・文字の効果「**変形**」「**凹レンズ**」・文字列の折り返し「**上下**」・水平方向の配置「**中央揃え**」基準「**段**」
- ●画像（上）　：「**かえで岬**」・図形に合わせてトリミング「**四角形：対角を丸める**」・図の効果「**ぼかし**」「**5ポイント**」
- ●画像（下）　：「**パソコン**」・文字列の折り返し「**前面**」
- ●図形　　　：「**矢印：ストライプ**」・スタイル「**枠線のみ-青、アクセント5**」・フォントの色「**濃い青**」

Advice

- •画像「**かえで岬**」と「**パソコン**」は、ダウンロードしたフォルダー「**Word2019演習問題集**」のフォルダー「**画像**」のフォルダー「**Lesson40**」の中に収録されています。《**PC**》→《**ドキュメント**》→「**Word2019演習問題集**」→「**画像**」→「**Lesson40**」から挿入してください。
- •必要のない文字は削除します。
- •図形と画像（下）の配置は、あとのLessonで修正します。

　　文書に「**Lesson40**」と名前を付けて保存しましょう。
　　「**Lesson45**」で使います。

第1章

第2章

第3章

第4章

第5章

第6章

第7章

第8章

第9章

総合問題

難易度

 文書「Lesson4」を開きましょう。

ワードアートや図形、画像を挿入し、文書を編集しましょう。

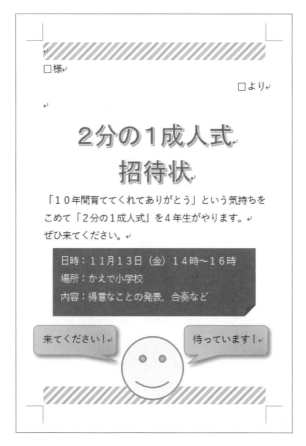

Hint!

●テーマ	:「インテグラル」
●ワードアート	:スタイル「塗りつぶし：濃い緑、アクセントカラー5；輪郭：白、背景色1；影（ぼかしなし）：濃い緑、アクセントカラー5」・フォント「MSPゴシック」・フォントサイズ「26」・文字列の折り返し「上下」
●図形（メモ）	:「四角形：メモ」・スタイル「塗りつぶし-濃い緑、アクセント5、アウトラインなし」
●図形（スマイル）	:「スマイル」・スタイル「枠線のみ-青緑、アクセント6」・塗りつぶし「黄」
●図形（吹き出し）	:「吹き出し：角を丸めた四角形」・スタイル「パステル-緑、アクセント4」・図形の効果「影」「オフセット：右下」
●画像	:「飾り罫線」・文字列の折り返し「背面」

Advice

- ワードアートや画像、図形などの位置を調整するには「配置ガイド」を利用すると効率的です。
- 画像「飾り罫線」は、ダウンロードしたフォルダー「Word2019演習問題集」のフォルダー「画像」のフォルダー「Lesson41」の中に収録されています。《PC》→《ドキュメント》→「Word2019演習問題集」→「画像」→「Lesson41」から挿入してください。

 文書に「Lesson41」と名前を付けて保存しましょう。
「Lesson68」で使います。

 第3章

記念プラン詳細表

 解答 ▶ P.23

難易度

📄 File 文書「Lesson12」を開きましょう。

ワードアートや画像、テキストボックスを挿入し、文書を編集しましょう。

☀Hint!

- ●テーマの色 ：「青緑」
- ●ワードアート ：スタイル「塗りつぶし：白；輪郭：ブルーグレー、アクセントカラー5；影」・フォント「MSP明朝」・フォントサイズ「48」・文字列の折り返し「行内」
- ●3～4行目 ：太字・左インデント「4.5字」・右インデント「4.5字」
- ●「●プラン詳細」：太字・左インデント「3字」
- ●画像 ：「砂浜」・文字列の折り返し「背面」・アート効果「パステル：滑らか」・スタイル「四角形、ぼかし」
- ●テキストボックス：横書き・スタイル「グラデーション-アクア、アクセント1」・枠線「枠線なし」・文字列の折り返し「行内」
- ●テキストボックス内の「Spa Resort Hotel」：フォントサイズ「20」・太字

◀ Advice

- 画像「砂浜」は、ダウンロードしたフォルダー「Word2019演習問題集」のフォルダー「画像」のフォルダー「Lesson42」の中に収録されています。《PC》→《ドキュメント》→「Word2019演習問題集」→「画像」→「Lesson42」から挿入してください。
- 「〒」は「ゆうびん」と入力して変換します。

 文書に「Lesson42」と名前を付けて保存しましょう。
「Lesson59」で使います。

第1章 第2章 第3章 第4章 第5章 第6章 第7章 第8章 第9章 総合問題

71

難易度

File　新しい文書を作成しましょう。

画像やワードアート、テキストボックスを挿入し、文書を作成しましょう。

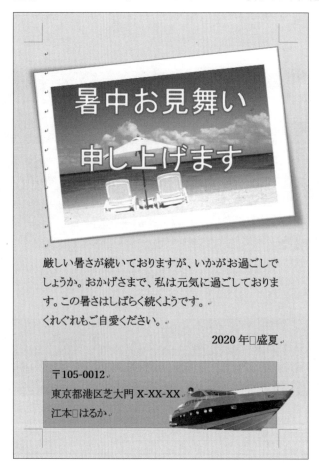

⚡Hint!

- ●ページ設定　：用紙サイズ「**はがき**」・余白「**上下左右10mm**」・日本語用のフォント「**MSP明朝**」・太字
- ●ページの色　：「**青、アクセント5、白＋基本色80％**」
- ●画像（上）　：「**海**」、スタイル「**回転、白**」・文字列の折り返し「**背面**」
- ●ワードアート　：スタイル「**塗りつぶし：白；輪郭：青、アクセントカラー1；光彩：青、アクセントカラー 1**」・フォント「**MSPゴシック**」・フォントサイズ「**28**」
- ●テキストボックス：横書き・塗りつぶし「**パステル-オレンジ、アクセント2**」・フォントサイズ「**10**」
- ●画像（下）　：「**船**」、文字列の折り返し「**前面**」

🔊 Advice

- 画像「**海**」と「**船**」は、ダウンロードしたフォルダー「**Word2019演習問題集**」のフォルダー「**画像**」のフォルダー「**Lesson43**」の中に収録されています。《**PC**》→《**ドキュメント**》→「**Word2019演習問題集**」→「**画像**」→「**Lesson43**」から挿入してください。
- 画像の背景の削除範囲を調整する場合は、《**背景の削除**》タブを使います。

　文書に「**Lesson43**」と名前を付けて保存しましょう。

解答 ▶ P.26

難易度

文書「Lesson30」を開きましょう。

画像を挿入し、文書を編集しましょう。

桔梗高等学校体験入学のご案内

桔梗高等学校では毎年体験入学を開催しています。
授業やカフェテリアでの昼食、部活動など、桔梗高等学校での高校生
活を一日体験してみませんか。

■対象者：中学2、3年生

■日時
　①→2020年10月17日（土）9:30〜14:00
　②→2020年10月24日（土）9:30〜14:00
　※どちらの日も内容は同じです。

■当日のスケジュール
　①→9:00〜9:30□受付
　②→9:30〜9:45□オリエンテーション
　③→9:45〜10:15□校内見学
　④→10:15〜12:00□授業体験
　⑤→12:00〜13:00□昼食□※カフェテリアをご利用いただけます。
　⑥→13:00〜14:00□部活動体験

■コース
　①→普通科
　②→情報科
　③→体育科

■その他
　服□装：中学校の制服
　持ち物：筆記用具、上履き、体操着（体育科コース希望者・運動部体験希望者）

■お申し込み方法および期限
　10月9日（金）までに桔梗高等学校庶務課へお申し込みください。

■お問い合わせ先
　学校法人□桔梗高等学校□庶務課□045-XXX-XXXX

第1章

第2章

第3章

第4章

第5章

第6章

第7章

第8章

第9章

総合問題

73

●画像(上):「学校」・文字列の折り返し「**四角形**」

●画像(下):「先生」・文字列の折り返し「**四角形**」

●透かし　：テキスト「**KIKYOUHIGHSCHOOL**」・フォント「**MSPゴシック**」・
　　　　　　フォントの色「**青、アクセント1、白+基本色40%**」

• 画像「**学校**」と「**先生**」は、ダウンロードしたフォルダー「**Word2019演習問題集**」のフォルダー「**画像**」の
　フォルダー「**Lesson44**」の中に収録されています。《**PC**》→《**ドキュメント**》→「**Word2019演習問題集**」
　→「**画像**」→「**Lesson44**」から挿入してください。

• 透かしを設定する場合は、《**デザイン**》タブ→《**ページの背景**》グループの [⬚] (透かし)を使います。

文書に「**Lesson44**」と名前を付けて保存しましょう。
「**Lesson49**」で使います。

よくわかる

第4章 | Chapter 4

段組みを使って
レイアウトを整える

難易度

File 文書「Lesson40」を開きましょう。

文書のレイアウトを整えましょう。

オープン3周年記念プラン

SPA RESORT HOTEL は、オープン3周年を迎えることができました。みなさまのご愛顧に感謝し、「オープン3周年記念プラン」を提供させていただきます。
この機会にぜひ当ホテルをご利用ください。

SPA RESORT HOTEL の自慢
- → すばらしいロケーション
- → 海洋深層水のスパ&エステ

周辺の主な観光地
- → かえで市自然公園
- → 県立かえで臨海水族館

オープン3周年記念プラン
1泊1食付き・大人1名様（消費税・サービス料込み）

	通常料金	プラン料金
一般客室	￥30,000	￥25,000
専用風呂付き客室	￥38,000	￥33,000

宿泊のご予約
https://www.sparesorthotel.xx.xx/

お問い合わせ
toiawase@sparesorthotel.xx.xx

SPA RESORT HOTEL

File 文書に「Lesson45」と名前を付けて保存しましょう。
「Lesson55」で使います。

献立表

解答 ▶ P.27

難易度

 文書「Lesson28」を開きましょう。

文書のレイアウトを整えましょう。

---

10 月 12 日の献立

················ セクション区切り (現在の位置から新しいセクション) ················

朝食

スクランブルエッグ
野菜サラダ
トースト
カフェオレ

昼食

ハムと野菜のサンドイッチ
ツナサラダ
牛乳

間食

グレープフルーツ 1/2 個
ドーナツ 1 個

夕食

鮭と野菜の蒸し物
長いもとわかめの酢の物
胚芽玄米ごはん
なめこと豆腐の味噌汁

<カロリー表>

単位：kcal

 文書に「Lesson46」と名前を付けて保存しましょう。
「Lesson60」で使います。

第1章

第2章

第3章

第4章

第5章

第6章

第7章

第8章

第9章

総合問題

Lesson 47

第4章
教育方針

PDF 解答 ▶ P.27

難易度

File 文書「Lesson36」を開きましょう。

文書のレイアウトを整えましょう。

●段組み：間隔「3字」

• 段と段の間隔を設定する場合は、《段組み》ダイアログボックスを使います。

File 文書に「Lesson47」と名前を付けて保存しましょう。
「Lesson49」で使います。

78

Lesson 48 第4章 インターネットの安全対策

解答 ▶ P.27

難易度

文書「Lesson31」を開きましょう。

文書のレイアウトを整えましょう。

1ページ目

インターネットの安全対策

1 危険から身を守るには

インターネットには危険がいっぱい、インターネットを使うのをやめよう！なんて考えていませんか？どうしたら危険を避けることができるのでしょうか。信用できない人とやり取りしない、被害にあったら警察に連絡するなどの安全対策が何より大切です。

……………セクション区切り（現在の位置から新しいセクション）…………………

パスワードは厳重に管理する

インターネット上のサービスを利用するときは、ユーザー名とパスワードで利用するユーザーが特定されます。その情報が他人に知られると、他人が無断でインターネットに接続したり、サービスを利用したりする危険があります。パスワードは、他人に知られないように管理します。パスワードを尋ねるような問い合わせに応じたり、人目にふれるところにパスワードを書いたメモを置いたりすることはやめましょう。また、パスワードには、氏名、生年月日、電話番号など簡単に推測されるものを使ってはいけません。

他人のパソコンで個人情報を入力しない

インターネットカフェなど不特定多数の人が利用するパソコンに、個人情報を入力することはやめましょう。入力したユーザー名やパスワードがパソコンに残ってしまったり、それらを保存するようなしかけがされていたりする可能性があります。

個人情報をむやみに入力しない

懸賞応募や占い判定など楽しい企画をしているホームページで、個人情報を入力する場合は、信頼できるホームページであるかを見極めてからにしましょう。

……………段区切り…………………

SSL対応を確認して個人情報を入力する

個人情報やクレジットカード番号など重要な情報を入力する場合、「SSL」に対応したホームページであることを確認します。SSLとは、ホームページに書き込む情報が漏れないように暗号化するしくみです。SSLに対応したホームページは、アドレスが「https://」で始まり、アドレスバーに鍵のアイコンが表示されます。

怪しいファイルは開かない

知らない人から届いたEメールや怪しいホームページからダウンロードしたファイルは、絶対に開いてはいけません。ファイルを開くと、ウイルスに感染してしまうことがあります。

ホームページの内容をよく読む

ホームページの内容をよく読まずに次々とクリックしていると、料金を請求される可能性があります。有料の表示をわざと見えにくくして利用者に気付かせないようにしているものもあります。このような場合、見る側の不注意とみなされ高額な料金を支払うことになる場合もあります。ホームページの内容はよく読み、むやみにクリックすることはやめましょう。

電源を切断する

インターネットに接続している時間が長くなると、外部から侵入される可能性が高くなります。パソコンを利用しないときは電源を切断するように心がけましょう。

- 1 / 2 -

79

2□加害者にならないために

インターネットを利用していて、最も怖いことは自分が加害者になってしまうことです。加害者にならないために、正しい知識を学びましょう。↵

↵ ＝＝＝＝＝＝＝＝＝＝セクション区切り (現在の位置から新しいセクション) ＝＝＝＝＝＝

ウイルス対策をする↵

ウイルスに感染しているファイルを E メールに添付して送ったり、ホームページに公開したりしてはいけません。知らなかったではすまされないので、ファイルをウイルスチェックするなどウイルス対策には万全を期しましょう。↵

個人情報を漏らさない↵

SNS やブログなどに他人の個人情報を書き込んではいけません。仲間うちの人しか見ていないから大丈夫！といった油断は禁物です。ホームページの内容は多くの人が見ていることを忘れてはいけません。↵

著作権に注意する↵

文章、写真、イラスト、音楽などのデータにはすべて「著作権」があります。自分で作成したホームページに、他人のホームページのデータを無断で転用したり、新聞や雑誌などの記事や写真を無断で転載したりすると、著作権の侵害になることがあります。↵

肖像権に注意する↵

自分で撮影した写真でも、その写真に写っている人に無断でホームページに掲載すると、「肖像権」の侵害になることがあります。写真を掲載する場合は、家族や親しい友人でも一言声をかけるようにしましょう。↵

- 2 / 2 ↵

◀ Advice

- 段と段の間に境界線を引く場合は、《段組み》ダイアログボックスを使います。
- 必要のないページは削除します。

 文書に「Lesson48」と名前を付けて保存しましょう。

難易度

 文書「Lesson44」を開きましょう。

文書のレイアウトを整えましょう。

1ページ目

桔梗高等学校体験入学のご案内

桔梗高等学校では毎年体験入学を開催しています。
授業やカフェテリアでの昼食、部活動など、桔梗高等学校での高校生活を一日体験してみませんか。

■対象者：中学2、3年生

■日時
　①→2020年10月17日（土）9:30～14:00
　②→2020年10月24日（土）9:30～14:00
　※→どちらの日も内容は同じです。

■当日のスケジュール
　①→9:00～9:30□受付
　②→9:30～9:45□オリエンテーション
　③→9:45～10:15□校内見学
　④→10:15～12:00□授業体験
　⑤→12:00～13:00□昼食□※カフェテリアをご利用いただけます。
　⑥→13:00～14:00□部活動体験

■コース
　①→普通科
　②→情報科
　③→体育科

■その他
　服□装：中学校の制服
　持ち物：筆記用具、上履き、体操着（体育科コース希望者・運動部体験希望者）

■お申し込み方法および期限
　10月9日（金）までに桔梗高等学校庶務課へお申し込みください。

■お問い合わせ先
　学校法人□桔梗高等学校□庶務課□045-XXX-XXXX

⚡Hint!

- ●ファイルの挿入　　　：Lesson47（教育方針）
- ●2ページ目のページ設定：用紙サイズ「B5」・余白「上下左右20mm」

◀ Advice

- 文末にカーソルを移動するには、Ctrl を押しながら End を押すと効率的です。
- 文末で改ページして2ページ目にファイルを挿入します。改ページは、ページごとに異なる書式が設定できる種類のものにします。
- 2ページ目はもとのファイル「Lesson47」と同じページ設定に変更します。
- 2ページ目の透かしだけを削除する場合は、透かしを選択して Delete を押します。

 文書に「Lesson49」と名前を付けて保存しましょう。
「Lesson58」で使います。

第5章 | Chapter 5

表を使って
データを見やすくする

難易度

File 新しい文書を作成しましょう。

表を作成しましょう。

Hint!

- ●ページ設定 ：用紙サイズ「B5」・印刷の向き「横」
- ●表 ：フォント「MSPゴシック」・フォントサイズ「12」
- ●表の1行目 ：フォントサイズ「20」・塗りつぶし「黒、テキスト1」
- ●表の項目セル：塗りつぶし「青、アクセント1、白＋基本色60%」・太字
- ●段落番号

 Advice

- 右のセルにカーソルを移動するには、Tab を使うと効率的です。

File 文書に「Lesson50」と名前を付けて保存しましょう。
「Lesson66」で使います。

Lesson 51 取引先リスト

 解答 ▶ P.30

難易度

File 新しい文書を作成しましょう。

① 表を作成しましょう。

会社名	部署名	氏名	郵便番号	住所	電話番号
株式会社古山電機産業	営業部	古山□智也	160-0023	東京都新宿区西新宿 1-1-XX	03-XXXX-XXXX
株式会社ハッピネスフーズ	販売部	柳田□洋介	102-0072	東京都千代田区飯田橋 2-2-XX	03-XXXX-XXXX
株式会社ヘルシー	営業部	辻村□良太	105-0022	東京都港区海岸 1-2-XX	03-XXXX-XXXX
ブレッド・パリス株式会社	販売促進部	田辺□千佳	164-0001	東京都中野区中野 1-3-XX	03-XXXX-XXXX
味宅配のアリス株式会社	企画部	栗山□重雄	231-0023	神奈川県横浜市中区山下町 2XX-X	045-XXX-XXXX
スイーツ株式会社	営業推進部	大原□華子	231-0861	神奈川県横浜市中区元町 2-X	045-XXX-XXXX
かえで百貨店株式会社	営業部	保科□栄一郎	338-0003	埼玉県さいたま市中央区本町東 3-X-XX	048-XXX-XXXX
株式会社たくみ	販売企画部	田原□武人	260-0013	千葉県千葉市中央区中央 4-XX	043-XXX-XXXX

Hint!

● ページ設定：印刷の向き「横」・余白「左右15mm」

Advice

• 郵便番号を入力して [   ]（スペース）を押すと、住所に変換できます。

② 表を修正し、書式を設定しましょう。

会社名	部署名	氏名	郵便番号	住所	ビル名	電話番号
株式会社古山電機産業	営業部	古山□智也	160-0023	東京都新宿区西新宿 1-1-XX	新宿タワー	03-XXXX-XXXX
株式会社ハッピネスフーズ	販売部	柳田□洋介	102-0072	東京都千代田区飯田橋 2-2-XX		03-XXXX-XXXX
株式会社ヘルシー	営業部	辻村□良太	105-0022	東京都港区海岸 1-2-XX	海岸南ビル	03-XXXX-XXXX
ブレッド・パリス株式会社	販売推進部	田辺□千佳	164-0001	東京都中野区中野 1-3-XX	中野ベーヌ	03-XXXX-XXXX
味宅配のアリス株式会社	企画部	栗山□重雄	231-0023	神奈川県横浜市中区山下町 2XX-X		045-XXX-XXXX
スイーツ株式会社	営業推進部	大原□華子	231-0861	神奈川県横浜市中区元町 2-X		045-XXX-XXXX
株式会社たくみ	販売企画部	田原□武人	260-0013	千葉県千葉市中央区中央 4-XX		043-XXX-XXXX

Hint!

● 表の1行目：フォント「MSゴシック」・太字・塗りつぶし「緑、アクセント6、白+基本色40%」

 文書に「Lesson51」と名前を付けて保存しましょう。
「Lesson67」、「Lesson69」、「Lesson70」で使います。

File 文書「Lesson7」を開きましょう。

表を作成しましょう。

2021 年 4 月 2 日

サークル各位

もみじ市体育課

2021 年度もみじ中学校施設利用について

もみじ中学校の施設を利用するサークルは、次のとおりです。

施設	サークル名	種目	曜日	時間	代表者
校庭	もみじスターズ	軟式野球	日	8:00～12:00	山本□雅子
	MOMIJI·FC	サッカー	土・日	13:00～16:00	大野□武文
体育館	アッサラシーズ	バスケットボール	土	9:00～12:00	森田□義彦
	もみじ V.B.C	バレーボール	土	19:00～21:00	平田□孝子
	もみじ剣友会	剣道	木	19:00～21:00	深山□かおる
	東卓球クラブ	卓球	金	19:00～21:00	加藤□百合

以下の日程については学校行事が入っているため、施設の利用はできません。ご注意ください。

施設	月	日	曜日	行事名	備考
校庭	8.	28	土	もみじ市防災避難訓練	もみじ市防災課
		29	日		
	9.	24	金	体育祭準備	
		25	土	体育祭	
		26	日	体育祭予備日	
体育館	4.	5	月	入学式準備	
		6	火	入学式	
	6.	27	日	市民体育祭	もみじ市体育課
	9.	12	日	地域交流祭	地域包括支援センター
		24	金	体育祭準備	
		25	土	体育祭	
		26	日	体育祭予備日	
	11.	1	月	音楽祭準備	
		2	火	音楽祭	
	2022.3.	7	月	3 年生を送る会準備	
		8	火	3 年生を送る会	
		22	火	卒業式準備	
		23	水	卒業式	

担当：もみじ市体育課□山崎・岡山
電話：03-XXXX-XXXX（内線 101）

ᐳ Hint!

●タイトル	：フォントサイズ「16」・文字の効果と体裁「塗りつぶし：黒、文字色1；影」
●表（上、下）	：スタイル「グリッド（表）4-アクセント6」
●表（上）の3行目、7行目の下罫線	：ペンの太さ「1.5pt」・ペンの色「緑、アクセント6」
●表（下）の外枠、6行目の下罫線	：ペンの太さ「1.5pt」・ペンの色「緑、アクセント6」

File 文書に「Lesson52」と名前を付けて保存しましょう。

難易度

File 文書「Lesson32」を開きましょう。

表を作成しましょう。

1ページ目

配布資料

インターネットに潜む危険

インターネットには危険が潜んでいる

インターネットはとても便利ですが、危険が潜んでいることを忘れてはいけません。世の中にお金をだまし取ろうとする人や他人を傷つけようとする人がいるように、インターネットの世界にも同じような悪い人がいるのです。インターネットには便利な面も多いですが、危険な面もあります。どのような危険が潜んでいるかを確認しましょう。

個人情報が盗まれる

オンラインショッピングのときに入力するクレジットカード番号などの個人情報が盗まれて、他人に悪用されてしまうことがあります。個人情報はきちんと管理しておかないと、身に覚えのない利用料金を請求されることになりかねません。

外部から攻撃される

インターネットで世界中の情報を見ることができるというのは、逆にいえば、世界のだれかが自分のパソコンに侵入する可能性があるということです。しっかりガードしておかないと、パソコンから大切な情報が漏れてしまったり、パソコン内の情報を壊すような攻撃をしかけられたりします。

·······改ページ·······

1

配布資料

ウイルスに感染する

「コンピューターウイルス」とは、パソコンの正常な動作を妨げるプログラムのことで、単に「ウイルス」ともいいます。ウイルスに感染すると、パソコンが起動しなくなったり、動作が遅くなったり、ファイルが壊れたりといった深刻な被害を引き起こすことがあります。ウイルスの感染経路として次のようなことがあげられます。

① → ホームページを表示する
② → インターネットからダウンロードしたファイルを開く
③ → E メールに添付されているファイルを開く
④ → USB メモリなどのメディアを利用する

ウイルスの種類

ウイルスには、次のような種類があります。

種類	症状
ファイル感染型ウイルス	実行型ファイルに感染して制御を奪い、感染・増殖するウイルス。
トロイの木馬型ウイルス	無害を装って利用者にインストールさせ、利用者が実行するとデータを盗んだり、削除したりするウイルス。感染・増殖はしないので、厳密にはウイルスとは区別されている。
ワーム型ウイルス	ネットワークを通じてほかのコンピューターに伝染するウイルス。ほかのプログラムには寄生せずに増殖する。
ボット型ウイルス	コンピューターを悪用することを目的に作られたウイルス。感染すると外部からコンピューターを勝手に操られてしまう。
マクロウイルス	ワープロソフトや表計算ソフトなどに搭載されているマクロ機能を悪用したウイルス。
スパイウェア	コンピューターの利用者に知られないように内部に潜伏し、ネットワークを通じてデータを外部に送信する。厳密にはウイルスとは区別され、マルウェアのひとつとされている。

·············· 改ページ ··············

配布資料

情報や人にだまされる

インターネット上の情報がすべて真実で善意に満ちたものとは限りません。内容が間違っていることもあるし、見る人をだまそうとしていることもあります。巧みに誘い込まれて、無料だと思い込んで利用したサービスが、実は有料だったということも少なくありません。また、インターネットを通して新しい知り合いができるかもしれませんが、中には、悪意を持って近づいてくる人もいます。安易に誘いに乗ると、危険な目にあう可能性があります。

◆→フィッシング詐欺

「フィッシング詐欺」とは、パスワードなどの個人情報を搾取する目的で、送信者名を金融機関などの名称で偽装してEメールを送信し、Eメール本文から巧妙に作られたホームページへジャンプするように誘導する詐欺です。誘導したホームページに暗証番号やクレジットカード番号を入力させて、それを不正に利用します。

◆→ワンクリック詐欺

「ワンクリック詐欺」とは、クリックしただけなのに、表示されるホームページで利用料金を請求するような詐欺のことです。ホームページに問い合わせ先やキャンセル時の連絡先などが表示されていることもありますが、絶対に自分から連絡をしてはいけません。

【事例】□受信したEメールに記載されているアドレスをクリックしてホームページを表示したところ、「会員登録が完了したので入会金をお支払いください。」と一方的に請求された。

3

第1章 第2章 第3章 第4章 第5章 第6章 第7章 第8章 第9章 総合問題

Hint!

●表：スタイル「グリッド（表）イ-アクセント5」・フォント「MSゴシック」

文書に「Lesson53」と名前を付けて保存しましょう。
「Lesson74」で使います。

Lesson54

難易度

File 文書「Lesson19」を開きましょう。

表を作成しましょう。

社員旅行アンケート

来年の社員旅行をよりよいものにするため、アンケートにご協力ください。

提出期限：10月9日（金）
提出方法：メールに添付して送付
提 出 先：総務部□吉岡□yoshioka@xx.xx

①→氏名	
②→所属	
③→参加日程	
④→旅行の行程はいかがでしたか？	よい□□ふつう□□よくない
⑤→ホテルの客室はいかがでしたか？	よい□□ふつう□□よくない
⑥→ホテルの食事はいかがでしたか？	よい□□ふつう□□よくない
⑦→ホテルの施設はいかがでしたか？	よい□□ふつう□□よくない
⑧→率直なご感想をお聞かせください。	
⑨→来年の社員旅行はどこへ行きたいですか？	

Hint!
- ●段落番号
- ●表の1～7行目：行の高さ「15mm」
- ●表の8～9行目：行の高さ「25mm」

File 文書に「Lesson54」と名前を付けて保存しましょう。
「Lesson64」で使います。

難易度

文書「Lesson45」を開きましょう。

表を作成しましょう。

オープン3周年記念プラン

SPA RESORT HOTEL は、オープン3周年を迎えることができました。みなさまのご愛顧に感謝し、「オープン3周年記念プラン」を提供させていただきます。
この機会にぜひ当ホテルをご利用ください。

SPA RESORT HOTEL の自慢
- すばらしいロケーション
- 海洋深層水のスパ&エステ

周辺の主な観光地
- かえで市自然公園
- 県立かえで臨海水族館

オープン3周年記念プラン
1泊1食付き・大人1名様（消費税・サービス料込み）

	通常料金	プラン料金
一般客室	¥30,000	¥25,000
専用風呂付き客室	¥38,000	¥33,000

宿泊のご予約
https://www.sparesorthotel.xx.xx/

お問い合わせ
toiawase@sparesorthotel.xx.xx

Hint!

● 表：スタイル「グリッド（表）5濃色-アクセント5」

Advice

・ → （タブ）を使って入力されている文字を表に変換します。

 文書に「Lesson55」と名前を付けて保存しましょう。

難易度

File 文書「Lesson38」を開きましょう。

表を作成しましょう。

ミニバスケットボール

メンバー
募集中

かえで東小ミニバス

「ミニバスケットボールってどんなスポーツ？」「どんなことをしているのかな？」
「ちょっとやってみたいな」と思っている人は、公開練習に参加してみよう！

●公開練習

日にち	時間	場所
5月17日（日）	9:00～12:00	かえで東小体育館
5月24日（日）	〃	〃
5月31日（日）	〃	〃

●練習内容

ドリブル

シュート

ミニゲーム

●その他の活動

合宿（8月）、スキー（2月）□など

かえで東小ミニバス代表者：赤川さつき

（電話□090－XXXX－XXXX）

●ページ罫線：色「オレンジ」・線の太さ「12pt」
●表の1行目：塗りつぶし「**オレンジ、アクセント5**」・フォントの色「**白、背景1**」

Advice

• ページ罫線の絵柄の大きさは《**線の太さ**》で設定します。

📄 文書に「Lesson56」と名前を付けて保存しましょう。

第1章

第2章

第3章

第4章

第5章

第6章

第7章

第8章

第9章

総合問題

文書「Lesson18」を開きましょう。

表を作成しましょう。

2020 年 5 月 28 日

関係者各位

営業部長

スプリングフェア料理関連書籍売上について

スプリングフェア期間中の料理関連書籍の売上について、次のとおりご報告いたします。

●料理関連書籍売上
料理関連書籍の売上ベスト 5 は、次のとおりです。

書籍名	定価 (税別)	販売数	合計 (税別)
1. お財布にも体にも優しいランチをあなたに	1,800	1,412	2,541,600
2. 男のクッキング大全集	1,800	1,267	2,280,600
3. 有機野菜を育てる	900	805	724,500
4. おうち居酒屋おつまみレシピ 200	1,000	548	548,000
5. 簡単！おいしい！グリル100%活用術	1,000	417	417,000
総合計		4,449	¥6,511,700

以上

担当：河野

第1章

第2章

第3章

第4章

第5章

第6章

第7章

第8章

第9章

総合問題

⚡Hint!

- ●段落番号
- ●表の1行目、7行1列目 ：フォント「MSPゴシック」・フォントサイズ「11」・塗りつぶし「青、アクセント5、白+基本色60%」
- ●表の7行3〜4列目 ：フォント「MSPゴシック」・フォントサイズ「11」
- ●計算式 ：表示形式「#,##0」
- ●計算式（合計（税別）の総合計）：表示形式「¥#,##0;(¥#,##0)」

🔊 Advice

- 表の数値は「,（カンマ）」も入力します。
- 表のセルに計算式を作成して、セルに入力されている数値を対象に計算できます。
  計算式を作成する場合は、《計算式》ダイアログボックスを使います。
  表内のセルの位置は、「列を表すアルファベット」と「行を表す番号」で管理されています。例えば、1列目の1行目はセル番地【A1】といい、「=A1+B1」のように計算式を立てます。

	1列目	2列目	3列目	4列目	
1行目	A1	B1	C1	D1	1
2行目	A2	B2	C2	D2	2
3行目	A3	B3	C3	D3	3
4行目	A4	B4	C4	D4	4
	A	B	C	D	

行を表す番号

列を表すアルファベット

- 各書籍の売上合計は、書籍の「定価（税別）×販売数」で求めます。計算式を作成する場合、「×」の替わりに「＊（アスタリスク）」を使って、「＝定価（税別）＊販売数」と入力します。
- 販売数や合計（税別）の総合計を求めるには、「SUM関数」を使うと効率的です。SUM関数は、指定した範囲の数値を合計する関数です。合計する数値の範囲を指定するには、「ABOVE（上）」「BELOW（下）」「LEFT（左）」「RIGHT（右）」を使います。

 文書に「Lesson57」と名前を付けて保存しましょう。

難易度

File 文書「Lesson49」を開きましょう。

表を作成しましょう。

1ページ目

桔梗高等学校体験入学のご案内

桔梗高等学校では毎年体験入学を開催しています。
授業やカフェテリアでの昼食、部活動など、桔梗高等学校での高校生活を一日体験してみませんか。

■対象者：中学2、3年生

■日時
 ①→2020年10月17日（土）9:30～14:00
 ②→2020年10月24日（土）9:30～14:00
 ※→どちらの日も内容は同じです。

■当日のスケジュール

9:00～9:30	受付
9:30～9:45	オリエンテーション
9:45～10:15	校内見学
10:15～12:00	授業体験
12:00～13:00	昼食□※カフェテリアをご利用いただけます。
13:00～14:00	部活動体験

■コース
 ①→普通科
 ②→情報科
 ③→体育科

■その他
 服□装：中学校の制服
 持ち物：筆記用具、上履き、体操着（体育科コース希望者・運動部体験希望者）

■お申し込み方法および期限
 10月9日（金）までに桔梗高等学校庶務課へお申し込みください。

■お問い合わせ先
 学校法人□桔梗高等学校□庶務課□045-XXX-XXXX

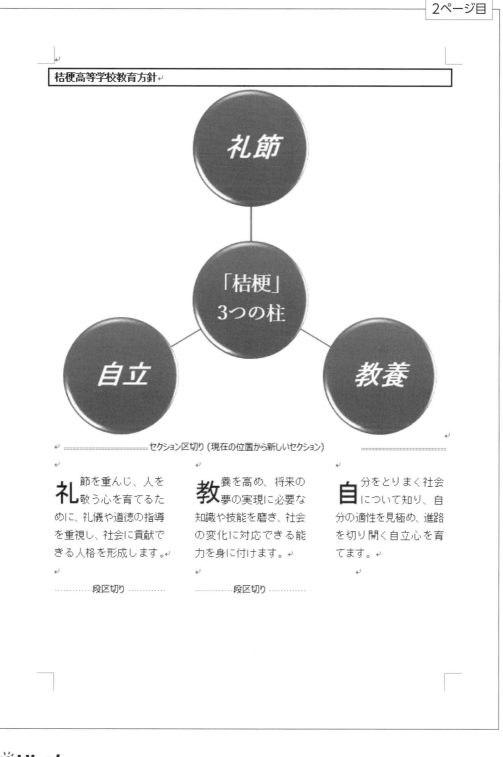

第1章

第2章

第3章

第4章

第5章

第6章

第7章

第8章

第9章

総合問題

Hint!

● 段落罫線：線の太さ「1.5pt」

Advice

・ページ罫線は、1ページ目だけに表示されるように設定します。
・入力された文字をもとに表を作成します。表を作成する前に、時間の後ろの空白を →| （タブ）に置き換えて、段落番号を解除します。

File 文書に「Lesson58」と名前を付けて保存しましょう。

難易度

File 文書「Lesson42」を開きましょう。

表を作成し、PDFファイルとして保存しましょう。

Spa Resort Hotel
3周年記念プラン

Spa Resort Hotel では、豊かな自然に抱かれながら、海洋深層水のスパやエステで、心身ともにリフレッシュしていただく癒しの空間をご提供します。

●プラン詳細

期間	2020年9月3日〜12月7日□※土曜・祝前日を除く		
料金	1泊1食付き・大人1名様(消費税・サービス料込み)		
		通常料金	プラン料金
	一般客室	¥30,000	¥25,000
	専用風呂付き客室	¥38,000	¥33,000
チェックイン	15:00		
チェックアウト	11:00		
特典1	リフレクソロジー□20分コース無料□※日曜・祝日を除く		
特典2	砂風呂¥500にて利用可能(通常¥1,500)		
特典3	1名様に付き浴衣2枚・バスタオル2枚をご用意		
特典4	ウェルカムドリンク、またはお食事時にワンドリンクサービス		
特典5	自宅で楽しめるアロマグッズをプレゼント(女性のお客様限定)		

Spa Resort Hotel
〒900-0033　沖縄県那覇市久米XX-XX-XXX　TEL：098-XXX-XXXX　FAX：098-XXX-XXXX
https://www.sparesorthotel.xx.xx/

Hint!

- ●表の1、3〜9行目　：行の高さ「10mm」
- ●表の2行目　　　　：行の高さ「34mm」
- ●表　　　　　　　　：フォント「MSPゴシック」
- ●表の外枠　　　　　：ペンの太さ「2.25pt」・ペンの色「アクア、アクセント1、黒＋基本色25%」
- ●表の1列目　　　　：フォントサイズ「12」・太字・塗りつぶし「アクア、アクセント1、白＋基本色40%」
- ●複合表の2〜3列目：列幅「30mm」
- ●複合表の1行目　　：塗りつぶし「アクア、アクセント1、白＋基本色60%」
- ●プラン料金の数値　：太字・フォントの色「赤」
- ●PDFファイル　　　：ファイル名「記念プラン詳細（配布用）」

Advice

- PDFファイルとして保存するには、《ファイル》タブ→《エクスポート》を使います。

 文書に「Lesson59」と名前を付けて保存しましょう。

文書「Lesson46」を開きましょう。

表を作成し、表のデータを利用してグラフを作成しましょう。

難易度

10月12日の献立

――――――――セクション区切り (現在の位置から新しいセクション)――――――――

朝食
スクランブルエッグ
野菜サラダ
トースト
カフェオレ

間食
グレープフルーツ 1/2 個
ドーナツ 1 個

夕食
鮭と野菜の蒸し物
長いもとわかめの酢の物
胚芽玄米ごはん
なめこと豆腐の味噌汁

昼食
ハムと野菜のサンドイッチ
ツナサラダ
牛乳

<カロリー表>

単位：kcal

	卵・乳製品	魚・肉・豆製品	野菜・芋・果物	穀物・油	合計
朝食	160	0	80	160	400
昼食	112	80	80	160	432
間食	20	0	80	200	300
夕食	0	160	152	160	472
合計	292	240	392	680	1,604

Hint!

- ●計算式　　　　：表示形式「#,##0」
- ●表の1、6行目：塗りつぶし「ゴールド、アクセント4、白+基本色40%」
- ●グラフ　　　　：集合縦棒
- ●ページ罫線　　：色「濃い青」

Advice

- Wordの表をもとにグラフを作成します。Wordでグラフを作成すると、自動的に《Microsoft Word内のグラフ》ウィンドウが開きます。

 文書に「Lesson60」と名前を付けて保存しましょう。

第1章
第2章
第3章
第4章
第5章
第6章
第7章
第8章
第9章
総合問題

難易度

 新しい文書を作成しましょう。

表を作成しましょう。

招待者氏名	郵便番号	住所	児童氏名
吉本□恵子	135-0091	東京都港区台場 X-X-X	吉本□桃花
朝川□恭子	101-0021	東京都千代田区外神田 X-X-X	朝川□みずほ
田中□貴白	231-0023	神奈川県横浜市中区山下町 X-X-X	田中□梢
青木□紀美代	251-0015	神奈川県藤沢市川名 X-X-X	青木□彩華
金子□和男	108-0022	東京都港区海岸 X-X-X	金子□拓
内村□洋子	241-0801	神奈川県横浜市旭区若葉台 X-X-X	内村□翔平
公民館長□佐藤□聡子	231-0023	神奈川県横浜市中区山下町 X-X-X	かえで小□4 年生

Hint!

●ページ設定：余白「**左右20mm**」
●表の1行目：太字・塗りつぶし「**オレンジ、アクセント2、白＋基本色40%**」

 文書に「Lesson61」と名前を付けて保存しましょう。
「Lesson68」で使います。

よくわかる

第6章

Chapter 6

Excelデータを
Wordで活用する

解答 ▶ P.38

難易度

文書「Lesson21」を開きましょう。

Excelデータを作成し、Word文書にリンク貼り付けしましょう。

2020 年 11 月 4 日

関係者各位

営業企画部

アンケート集計結果報告（10 月）

10 月に宿泊されたお客様のアンケートの集計結果は以下のとおりです。

● → 実施時期：2020 年 10 月 1 日（木）〜10 月 31 日（土）
● → 回答人数：121 名
● → 集計結果：

単位：人

□	大変満足	満足	普通	やや不満足	不満足
客室	36	32	20	16	17
食事	53	34	25	4	5
景観	75	33	9	1	3
サービス	36	32	44	5	4
料金	18	29	60	8	6

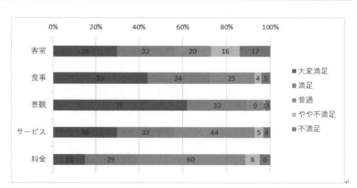

● → 所感：当ホテルのロケーションや食事、サービスは半数以上のお客様に満足していただけているようだ。客室や料金の「やや不満足」「不満足」にチェックされたお客様からは、次のような意見をいただいた。次回の会議の議題としたい。
　➤ → 居間のようにくつろぐスペースと寝室をわけてほしい。
　➤ → 加湿器を置いてほしい。
　➤ → 別館の宿泊料金を本館より安くしてほしい。

担当：大野

⚡Hint!

- Excelブック：ファイル名「アンケート」
- 表（Excel）：フォント「MSゴシック」
- グラフ　　：「100%積み上げ横棒」・レイアウト「レイアウト10」

	A	B	C	D	E	F	G
1						単位：人	
2		大変満足	満足	普通	やや不満足	不満足	
3	客室	36	32	20	16	17	
4	食事	53	34	25	4	5	
5	景観	75	33	9	1	3	
6	サービス	36	32	44	5	4	
7	料金	18	29	60	8	6	
8							

グラフ:
- 0% 20% 40% 60% 80% 100%
- 客室: 36 / 32 / 20 / 16 / 17
- 食事: 53 / 34 / 25 / 4 / 5
- 景観: 75 / 33 / 9 / 13
- サービス: 36 / 32 / 44 / 5 / 4
- 料金: 18 / 29 / 60 / 8 / 6

凡例:
- ■ 大変満足
- ■ 満足
- ■ 普通
- ■ やや不満足
- ■ 不満足

🔊Advice

- Excelで表とグラフを作成し、Word文書にリンク貼り付けします。
- Excelでグラフの軸のデータを入れ替えるには（行/列の切り替え）を使います。
- Excelでグラフの軸の書式を変更するには、《軸の書式設定》を使います。

📄 文書に「Lesson62」と名前を付けて保存しましょう。

第1章
第2章
第3章
第4章
第5章
第6章
第7章
第8章
第9章
総合問題

105

難易度

📄 文書「Lesson18」を開きましょう。

① Excelデータを作成し、Word文書にリンク貼り付けしましょう。

2020 年 5 月 28 日

関係者各位

営業部長

スプリングフェア料理関連書籍売上について

スプリングフェア期間中の料理関連書籍の売上について、次のとおりご報告いたします。

●料理関連書籍売上
料理関連書籍の売上ベスト 5 は、次のとおりです。

書籍名	定価（税別）	販売数	合計（税別）
お財布にも体にも優しいランチをあなたに	1,800	1,412	2,541,600
男のクッキング大全集	1,800	1,267	2,280,600
有機野菜を育てる	900	805	724,500
おうち居酒屋おつまみレシピ 200	1,000	548	548,000
簡単！おいしい！グリル 100%活用術	1,000	417	417,000
総合計		4,449	6,511,700

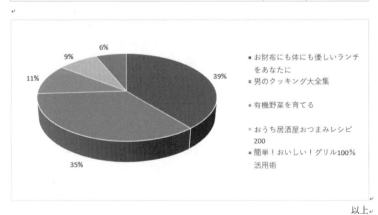

以上

担当：河野

● Excelブック：ファイル名「書籍売上」
● 表（Excel）：フォント「MSゴシック」
● グラフ　　：「3-D円」・レイアウト「レイアウト6」

	A	B	C	D	E
1	書籍名	定価（税別）	販売数	合計（税別）	
2	お財布にも体にも優しいランチをあなたに	1,800	1,412	2,541,600	
3	男のクッキング大全集	1,800	1,267	2,280,600	
4	有機野菜を育てる	900	805	724,500	
5	おうち居酒屋おつまみレシピ200	1,000	548	548,000	
6	簡単！おいしい！グリル100％活用術	1,000	417	417,000	
7	総合計		4,449	6,511,700	
8					

6%
9%
11%
39%
35%

- お財布にも体にも優しいランチ
  をあなたに
- 男のクッキング大全集
- 有機野菜を育てる
- おうち居酒屋おつまみレシピ200
- 簡単！おいしい！グリル100％活
  用術

● 表（Word）：フォントサイズ「10.5」・スタイル「グリッド（表）6カラフル-アクセント5」

② データを変更しましょう。

2020 年 5 月 28 日

関係者各位

営業部長

スプリングフェア料理関連書籍売上について

スプリングフェア期間中の料理関連書籍の売上について、次のとおりご報告いたします。

●料理関連書籍売上
料理関連書籍の売上ベスト 5 は、次のとおりです。

書籍名	定価（税別）	販売数	合計（税別）
お財布にも体にも優しいランチをあなたに	1,800	1,412	2,541,600
男のクッキング大全集	1,800	1,267	2,280,600
有機野菜を育てる	900	1,000	900,000
おうち居酒屋おつまみレシピ 200	1,000	548	548,000
簡単！おいしい！グリル 100%活用術	1,000	417	417,000
総合計		4,644	6,687,200

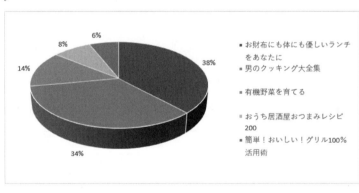

以上

担当：河野

Hint!

●Excelデータ：「有機野菜を育てる」の「販売数」

📁 文書に「Lesson63」と名前を付けて保存しましょう。

第7章

Chapter 7

フォームを使って
入力効率をあげる

Lesson 64

社内アンケート

解答 ▶ P.40

難易度

 文書「Lesson54」を開きましょう。

① フォームを作成しましょう。

社員旅行アンケート

来年の社員旅行をよりよいものにするため、アンケートにご協力ください。

提出期限：10月9日（金）
提出方法：メールに添付して送付
提 出 先：総務部□吉岡□yoshioka@xx.xx

①→氏名	ここをクリックまたはタップしてテキストを入力してください。
②→所属	アイテムを選択してください。
③→参加日程	クリックまたはタップして日付を入力してください。～クリックまたはタップして日付を入力してください。
④→旅行の行程はいかがでしたか？	□よい□□□ふつう□□□よくない
⑤→ホテルの客室はいかがでしたか？	□よい□□□ふつう□□□よくない
⑥→ホテルの食事はいかがでしたか？	□よい□□□ふつう□□□よくない
⑦→ホテルの施設はいかがでしたか？	□よい□□□ふつう□□□よくない
⑧→率直なご感想をお聞かせください。	ここをクリックまたはタップしてテキストを入力してください。
⑨→来年の社員旅行はどこへ行きたいですか？	ここをクリックまたはタップしてテキストを入力してください。

Hint!

● コンテンツコントロール：

項目	種類	内容
氏名	テキスト	
所属	ドロップダウンリスト	営業部、企画部、開発部、経理部、総務部の順で表示
参加日程	日付選択	表示形式「yyyy年M月d日(aaa)」
旅行の行程 ホテルの客室 ホテルの食事 ホテルの設備	チェックボックス	
率直な感想 来年の社員旅行	リッチテキスト	

● パスワード：「abc」

Advice

● フォームとは、リストから選択したり、カレンダーから日付を選択したりして必要事項を入力できる ようなしくみを持った文書のことです。アンケートや申込書などのフォーマットとしてよく利用され ます。

【フォームの例】

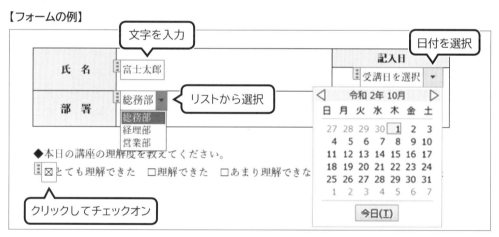

● フォームを作成する手順は、次のとおりです。

❶ 文書の作成
フォームのもとになる文書を作成します。

❷ 《開発》タブの表示
《開発》タブを使ってコンテンツコントロールを挿入します。
《開発》タブを表示するには、《ファイル》タブ→《オプション》→《リボンのユーザー設定》→《リボンの ユーザー設定》の ▼ →《メインタブ》→《☑ 開発》を使います。

❸ コンテンツコントロールの挿入
文書にコンテンツコントロールを挿入します。リストに表示する項目や日付の書式などは、コンテンツ コントロールのプロパティで設定します。

❹ 文書の保護
文書を保護すると、コンテンツコントロール以外の場所は編集できなくなります。

● 氏名のように、ひとつの段落で入力が完了する場合は、「**テキストコンテンツコントロール**」を使います。
● 感想や意見のように、複数の段落や長めの文章を入力する場合は、「**リッチテキストコンテンツコント ロール**」を使います。
● コンテンツコントロールの後ろに文字を入力するには、→ を押してカーソルを移動します。

②　フォームを編集しましょう。

<table>
<tr><td colspan="2" align="center">**社員旅行アンケート**</td></tr>
<tr><td colspan="2">来年の社員旅行をよりよいものにするため、アンケートにご協力ください。</td></tr>
<tr><td colspan="2">提出期限：10月9日（金）
提出方法：メールに添付して送付
提 出 先：総務部□吉岡□yoshioka@xx.xx</td></tr>
<tr><td>①→氏名</td><td>姓と名の間に空白を入れて入力してください。</td></tr>
<tr><td>②→所属</td><td>部署名を選択してください。</td></tr>
<tr><td>③→参加日程</td><td>出発日を選択してください。～帰着日を選択してください。</td></tr>
<tr><td>④→旅行の行程はいかがでしたか？</td><td>□よい□□□ふつう□□□よくない</td></tr>
<tr><td>⑤→ホテルの客室はいかがでしたか？</td><td>□よい□□□ふつう□□□よくない</td></tr>
<tr><td>⑥→ホテルの食事はいかがでしたか？</td><td>□よい□□□ふつう□□□よくない</td></tr>
<tr><td>⑦→ホテルの施設はいかがでしたか？</td><td>□よい□□□ふつう□□□よくない</td></tr>
<tr><td>⑧→率直なご感想をお聞かせください。</td><td>ここをクリックまたはタップしてテキストを入力してください。</td></tr>
<tr><td>⑨→来年の社員旅行はどこへ行きたいですか？</td><td>ここをクリックまたはタップしてテキストを入力してください。</td></tr>
</table>

⚡Hint!

●コンテンツコントロールの説明文

◀ Advice

- コンテンツコントロールを編集するには、文書の保護を解除します。
- コンテンツコントロールの説明文を編集するには、表示をデザインモードに切り替えます。デザインモードに切り替えるには、《開発》タブ→《コントロール》グループの[✎ デザインモード]（デザインモード）を使います。

　文書に「Lesson64」と名前を付けて保存しましょう。
「Lesson65」で使います。

解答 ▶ P.41

難易度

 文書「Lesson64」を開きましょう。

フォームに入力しましょう。

社員旅行アンケート

来年の社員旅行をよりよいものにするため、アンケートにご協力ください。

> 提出期限：10月9日（金）
> 提出方法：メールに添付して送付
> 提 出 先：総務部□吉岡□yoshioka@xx.xx

① 氏名	佐藤□理恵	
② 所属	営業部	
③ 参加日程	2020 年 7 月 18 日(土)～2020 年 7 月 19 日(日)	
④ 旅行の行程はいかがでしたか？	⊠よい□□□ふつう□□□よくない	
⑤ ホテルの客室はいかがでしたか？	⊠よい□□□ふつう□□□よくない	
⑥ ホテルの食事はいかがでしたか？	⊠よい□□□ふつう□□□よくない	
⑦ ホテルの施設はいかがでしたか？	⊠よい□□□ふつう□□□よくない	
⑧ 率直なご感想をお聞かせください。	ホテル内で楽しめる施設が少なく、宴会まで時間を持て余した。	
⑨ 来年の社員旅行はどこへ行きたいですか？	京都嵐山 知床半島や屋久島など	

 文書に「Lesson65」と名前を付けて保存しましょう。

解答 ▶ P.41

難易度

 文書「Lesson50」を開きましょう。

フォームを作成しましょう。

Hint!

● コンテンツコントロール:

項目	種類	内容
表の右上の日付、利用日	日付選択	表示形式「yyyy年M月d日」
サークル名、代表者名、 連絡先住所、連絡先電話番号	テキスト	
利用施設	ドロップダウンリスト	校庭、体育館の順で表示
利用時間	チェックボックス	

● パスワード:「abc」

Advice

• 必要のない文字は削除します。↵（段落記号）は削除せずに残しておきましょう。
選択範囲に↵（段落記号）が含まれた場合は、[Shift]を押しながら[←]を押して選択を解除します。

 文書に「Lesson66」と名前を付けて保存しましょう。

第8章

Chapter 8

宛名を差し込んで印刷する

File 新しい文書を作成しましょう。

宛名データを差し込んで印刷しましょう。

〒160-0023↵ 東京都新宿区西新宿 1-1-XX□ 新宿タワー↵ 株式会社古山電機産業↵ **古山□ 智也□ 様**↵	〒102-0072↵ 東京都千代田区飯田橋 2-2-XX□↵ 株式会社ハッピネスフーズ↵ **柳田□ 洋介□ 様**↵
〒105-0022↵ 東京都港区海岸 1-2-XX□ 海岸南ビル↵ 株式会社ヘルシー↵ **辻村□ 良太□ 様**↵	〒164-0001↵ 東京都中野区中野 1-3-XX□ 中野ベーヌ↵ ブレッド・パリス株式会社↵ **田辺□ 千佳□ 様**↵
〒231-0023↵ 神奈川県横浜市中区山下町 2XX-X□↵ 味宅配のアリス株式会社↵ **栗山□ 重雄□ 様**↵	〒231-0861↵ 神奈川県横浜市中区元町 2-X□↵ スイーツ株式会社↵ **大原□ 華子□ 様**↵
〒260-0013↵ 千葉県千葉市中央区中央 4-XX□↵ 株式会社たくみ↵ **田原□ 武人□ 様**↵	

🔆Hint!

- ●ラベル ：製造元「KOKUYO」・製品番号「KJ-2162N」
- ●差し込むデータ ：Lesson51（取引先リスト）
- ●差し込むフィールド：「郵便番号」「住所」「ビル名」「会社名」「氏名」
- ●「氏名」と「様」 ：フォントサイズ「12」・太字
- ●印刷するレコード ：すべて

🔊Advice

- データが差し込まれなかったラベルの文字は削除します。

File 文書に「Lesson67」と名前を付けて保存しましょう。

難易度

File 文書「Lesson41」を開きましょう。

宛名データを差し込んで印刷しましょう。

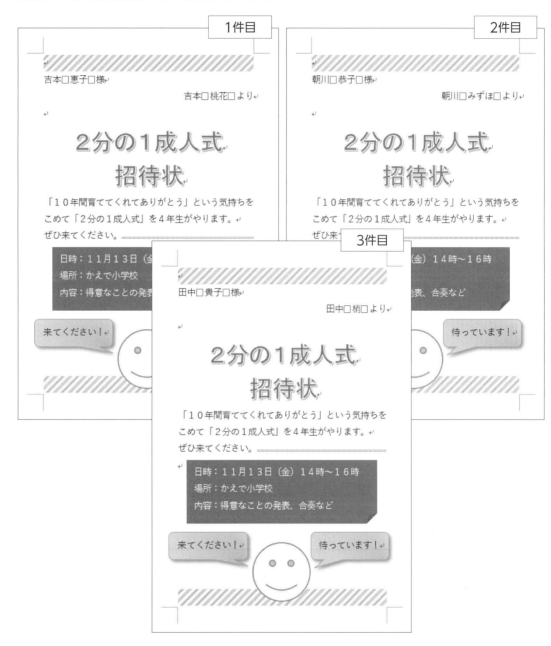

1件目

吉本□恵子□様

吉本□桃花□より

2分の1成人式
招待状

「10年間育ててくれてありがとう」という気持ちを
こめて「2分の1成人式」を4年生がやります。
ぜひ来てください。

日時：11月13日（金
場所：かえで小学校
内容：得意なことの発表

来てください！

2件目

朝川□恭子□様

朝川□みずほ□より

2分の1成人式
招待状

「10年間育ててくれてありがとう」という気持ちを
こめて「2分の1成人式」を4年生がやります。
ぜひ来

（金）14時～16時

表、合奏など

待っています！

3件目

田中□貴子□様

田中□梢□より

2分の1成人
式
招待状

「10年間育ててくれてありがとう」という気持ちを
こめて「2分の1成人式」を4年生がやります。
ぜひ来てください。

日時：11月13日（金）14時～16時
場所：かえで小学校
内容：得意なことの発表、合奏など

来てください！　　　待っています！

Hint!

●差し込むデータ　　：Lesson61（招待者リスト）
●差し込むフィールド：宛名「**招待者氏名**」・差出人「**児童氏名**」
●印刷するレコード　：1～3

File 文書に「Lesson68」と名前を付けて保存しましょう。

第1章
第2章
第3章
第4章
第5章
第6章
第7章
第8章
第9章
総合問題

 文書「Lesson22」を開きましょう。

宛名データを差し込んで印刷しましょう。

2020 年 11 月 6 日

株式会社古山電機産業
古山□智也□様

クリーン・クリアライト株式会社
代表取締役□石原□和則

創立 20 周年記念パーティーのご案内

拝啓□晩秋の候、貴社ますますご盛栄のこととお慶び申し上げます。平素は格別のご高配を賜り、厚く御礼申し上げます。
□さて、弊社は 12 月 3 日をもちまして創立 20 周年を迎えます。この節目の年を無事に迎えることができましたのも、ひとえに皆様方のおかげと感謝の念に堪えません。
□つきましては、創立 20 周年の記念パーティーを下記のとおり開催いたします。当日は弊社の OB や家族も出席させていただき、にぎやかな会にする予定でございます。ご多用中とは存じますが、ご参加くださいますようお願い申し上げます。

敬具

記

開 催 日□2020 年 12 月 3 日（木）
開催時間□午後 6 時 30 分〜午後 8 時 30 分
会　　場□桜グランドホテル□4F□悠久の間

以上

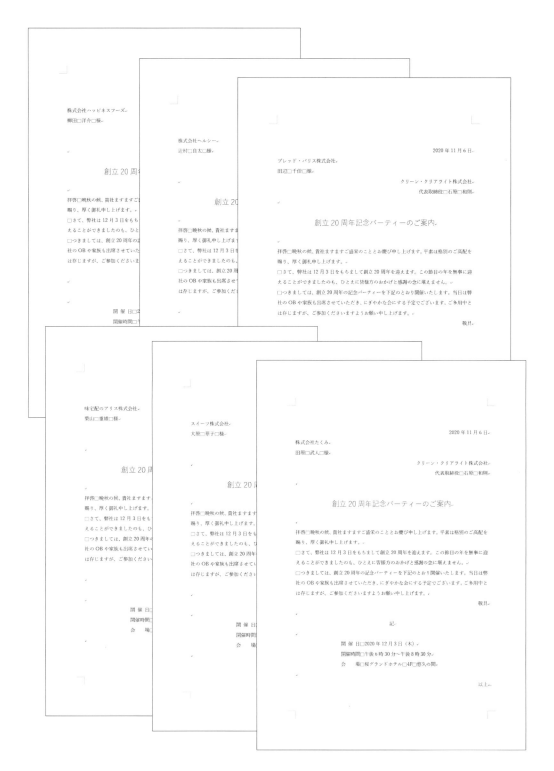

第1章

第2章

第3章

第4章

第5章

第6章

第7章

第8章

第9章

総合問題

Hint!

● ページ設定 ：垂直方向の配置「**中央寄せ**」
● 差し込むデータ ：Lesson51（取引先リスト）
● 差し込むフィールド：宛名「**会社名**」「**氏名**」
● 印刷するレコード ：すべて

Advice

• 必要のない文字は削除します。

 文書に「Lesson69」と名前を付けて保存しましょう。

解答 ▶ P.44

難易度

 新しい文書を作成しましょう。

宛名データを差し込んで印刷しましょう。

〒210-0004↵
神奈川県川崎市川崎区宮本町1-XX↵
クリーン・クリアライト株式会社↵
石原□和則↵

〒160-0023↵
東京都新宿区西新宿1-1-XX□新宿タワー↵
株式会社古山電機産業↵
↵
古山□智也□様↵

Hint!

● 封筒サイズ	: 長形3号
● 差出人情報	: 「〒210-0004」
	: 「神奈川県川崎市川崎区宮本町1-XX」
	: 「クリーン・クリアライト株式会社」
	: 「石原　和則」
● 宛名のインデント	: 左「5字」
● 差し込むデータ	: Lesson51（取引先リスト）
● 差し込むフィールド	: 「郵便番号」「住所」「ビル名」「会社名」「氏名」
● 印刷するレコード	: 現在のレコード

 文書に「Lesson70」と名前を付けて保存しましょう。

第9章

Chapter 9

長文の構成を編集する

Lesson 71

第9章
書籍目次

解答 ▶ P.46

難易度

 新しい文書を作成しましょう。

アウトラインを作成しましょう。

- ⊕ 書式の設定
    - ⊕ 文字の配置
        - ⊖ 右揃え
        - ⊖ 中央揃え
        - ⊖ インデント
        - ⊖ 均等割り付け
        - ⊖ タブ位置
    - ⊖ 文字の装飾
    - ⊖ スタイル
    - ⊖ 箇条書きと行間
    - ⊖ ヘッダーとフッター
- ⊕ 文書の作成
    - ⊖ ページ設定
    - ⊖ 文章の入力
- ⊕ 表現力をアップする機能
    - ⊖ ワードアートの挿入
    - ⊖ 画像の挿入
    - ⊖ 図形の作成
    - ⊖ テキストボックスの作成
- ⊕ 表の作成
    - ⊖ 表の作成
    - ⊖ 列幅と行の高さの変更
    - ⊖ セルの結合と分割
    - ⊖ 文字の配置
    - ⊖ 網かけ
    - ⊖ 罫線の種類や太さの変更
    - ⊖ 段落罫線
    - —

Hint!

●アウトラインレベル：大項目「**レベル1**」・中項目「**レベル2**」・小項目「**レベル3**」

Advice

- アウトライン機能を使って文書の構成を編集するには、文書をアウトライン表示に切り替えます。
- アウトラインレベルを設定しながら見出しを入力します。

 文書に「Lesson71」と名前を付けて保存しましょう。
「Lesson72」で使います。

難易度

 文書「Lesson71」を開きましょう。

文書の構成を変更しましょう。

- **第1章** → 文書の作成
- Lesson1 → ページ設定
- Lesson2 → 文章の入力
- **第2章** → 書式の設定
- Lesson1 → 文字の配置
  - ① → 右揃え
  - ② → 中央揃え
  - ③ → インデント
  - ④ → 均等割り付け
  - ⑤ → タブ位置
- Lesson2 → 文字の装飾
- Lesson3 → スタイル
- Lesson4 → 箇条書きと行間
- Lesson5 → ヘッダーとフッター
- **第3章** → 表現力をアップする機能
- Lesson1 → ワードアートの挿入
- Lesson2 → 画像の挿入
- Lesson3 → 図形の作成
- Lesson4 → テキストボックスの作成
- **第4章** → 表の作成
- Lesson1 → 表の作成
- Lesson2 → 列幅と行の高さの変更
- Lesson3 → セルの結合と分割
- Lesson4 → 文字の配置
- Lesson5 → 網かけ
- Lesson6 → 罫線の種類や太さの変更
- Lesson7 → 段落罫線

Hint!

●アウトライン番号：

	番号書式	左インデントからの距離	文字書式
レベル1	第1章	3mm	太字・フォントサイズ「14」
レベル2	Lesson1	7.5mm	
レベル3	①	15mm	

Advice

- アウトライン番号を設定してから、文書の構成を変更します。
- 見出しを入れ替えるには、ナビゲーションウィンドウを使うと効率的です。

文書に「Lesson72」と名前を付けて保存しましょう。

第1章

第2章

第3章

第4章

第5章

第6章

第7章

第8章

第9章

総合問題

123

難易度

 文書「Lesson26」を開きましょう。

① アウトラインを設定し、文書の構成を変更しましょう。

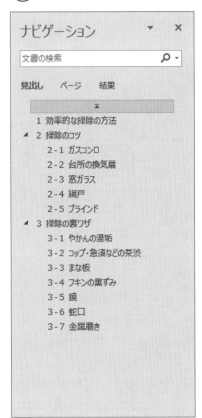

ナビゲーション ▼ ✕

文書の検索 🔍 ▾

見出し　ページ　結果

▲

1　効率的な掃除の方法
▲　2　掃除のコツ
　　　2-1　ガスコンロ
　　　2-2　台所の換気扇
　　　2-3　窓ガラス
　　　2-4　網戸
　　　2-5　ブラインド
▲　3　掃除の裏ワザ
　　　3-1　やかんの湯垢
　　　3-2　コップ・急須などの茶渋
　　　3-3　まな板
　　　3-4　フキンの黒ずみ
　　　3-5　鏡
　　　3-6　蛇口
　　　3-7　金属磨き

Hint!

● アウトラインレベル：見出し「レベル1」「レベル2」
● アウトライン番号　：

	番号書式	レベルと対応付ける見出しスタイル
レベル1	1	見出し1
レベル2	1-1	見出し2

② 書式を設定し、文章を校正しましょう。

掃除のコツと裏ワザ

▪ 1 効率的な掃除の方法

家の中には、いつもきれいにしておきたいと思いながらもなかなか手がつけられず、結局年に一度の大掃除となってしまう、という場所があります。なかなか掃除をしないから汚れもひどくなり、少しくらい掃除をしただけではきれいにならない、掃除が嫌になってさらに汚れがたまる、という悪循環が発生しています。台所のガスコンロや換気扇、窓ガラスや網戸などがその代表例です。これらの場所は、掃除が苦手な人だけでなく掃除が得意な人にとっても、汚れがたまると掃除するのが億劫になる場所であり、掃除の悪循環が発生しやすい場所といえます。

▪ 2 掃除のコツ

掃除の達人は、「簡単な掃除の知識さえあれば、汚れを落とすことができ、やる気も起きてどんどんきれいになっていく」と言っています。
身近なものを使って汚れが落ちる掃除のコツと裏ワザを、DIY (DIY とは、Do It Yourself の略で、自分の手と手を使って快適な住まいを創造すること。) に詳しい中村博之さんに伺いました。もし、あなたが掃除を苦手でも大丈夫。ここで紹介している掃除のコツを読んで、掃除の悪循環から抜け出しましょう。

▪ 2-1 ガスコンロ

調理の際の煮物の吹きこぼれ、炒めものの油はねなどはその場で拭き取っておくとよいでしょう。それでもたまっていく焦げつき汚れは、**重曹**を使った煮洗いが効果的です。焦げつきが柔らかくなり、落としやすくなります。
【手順】
① → 大きな鍋に水を入れ**重曹**を加えます。
② → その中に五徳や受け皿、グリルなどをつけて 10 分ほど煮てから水洗いします。

▪ 2-2 台所の換気扇

換気扇の油汚れには、つけ置き洗いがおすすめです。洗剤は市販の専用品ではなく、身近にあるもので十分です。
【手順】
① → 酵素系漂白剤（弱アルカリ性）カップ 2〜3 杯に、食器洗い洗剤（中性）を小さじ 3 杯入れて混ぜ、つけ置き洗い用洗剤を作ります。(アルカリ性の換汚れ用洗剤でつけ置き洗いをすると塗装さではがれることもあるので注意が必要。)
② → 換気扇の部品をはずし、ひどい汚れは割り箸で削り落とします。
③ → シンクや大きな入れ物の中に汚れ防止用のビニール袋を敷き、40 度ほどのお湯を入れてから①を加えて溶かします。その中に部品を 1 時間ほどつけて置きます。

1

④→歯ブラシで汚れを落としたあとに水洗いしてできあがりです。↵
↵
▪ 2-3 窓ガラス↵

窓ガラスの汚れは、一般的には住居用洗剤を吹きつけて拭き取ります。水滴をそのままにしておくと、跡になってしまうのでから拭きするのがコツです。から拭きには丸めた新聞紙を使うとよいでしょう。インクがワックス代わりをしてくれます。↵

【手順】↵
①→1%に薄めた住居用洗剤を霧吹きで窓ガラスに吹きつけ、スポンジでのばします。↵
②→窓ガラスの左上から右へとスクイージーを浮かせないように引き、枠の手前で止めて、スクイージーのゴム部分の水を拭き取ります。↵
③→同じように下段へと進み、下まで引いたら、右側の残した部分を上から下へと引きおろします。↵
④→仕上げに丸めた新聞紙でから拭きします。↵
↵
▪ 2-4 網戸↵

網戸は外して水洗いするのが理想的ですが、無理な場合は、塗装用のコテバケを使うとよいでしょう。↵

【手順】↵
①→住居用洗剤を溶かしたぬるま湯にコテバケをつけて絞り、網の上下または左右に塗ります。↵
②→しばらく放置したあと固く絞った雑巾で拭き取ります。↵
↵
▪ 2-5 ブラインド↵

ブラインド専用の掃除用具も販売されていますが、軍手を使うと簡単に汚れを取ることができます。↵

【手順】↵
①→ゴム手袋をした上に軍手をはめます。↵
②→指先に水で薄めた住居用洗剤をつけて絞り、ブラインドを指で挟むように拭きます。↵
③→軍手を水洗いして水拭きをします。↵
④→仕上げに乾いた軍手でから拭きします。↵
↵

▪ 3 掃除の裏ワザ↵

洗剤の成分や道具などの商品知識を豊かにしたり、手順や要領を身に付けたりすると、家庭にあるものを上手に活用することができます。汚れがたまる前に試してみましょう。↵
↵

■ 3-1 やかんの湯垢

少量の酢を入れた濃い塩水に一晩つけて置き、スチールウールでこすり落とします。

■ 3-2 コップ・急須などの茶渋

みかんの皮に塩をまぶして茶渋をこすりとり、布に水を含ませた**重曹**をつけて磨きます。

■ 3-3 まな**板**

レモンの切れ端でこすり、漂白します。

■ 3-4 フキンの黒ず**み**

カップ1杯の水にレモン半分とフキンを入れて煮ます。

■ 3-5 鏡

クエン酸を水で溶かしたものをスプレーします。しばらく放置してから水拭きします。

■ 3-6 蛇口

古いストッキングやナイロンタオルで磨きます。

■ 3-7 金属磨き

布に練り歯磨きをつけて磨きます。狭いところは先をつぶした爪楊枝を使います。
銀製品は**重曹**を使います。

3

·˙Hint!

● 文字書式の置換 ：文字「**重曹**」と「**【手順】**」・人字
● 文章の校正　　：文書のスタイル「**通常の文**」・助詞の連続・「**い**」抜き・表記ゆれ

Advice

• 文書のスタイルを設定する場合は、《**ファイル**》タブ→《**オプション**》→《**文章校正**》→《**Wordのスペル チェックと文章校正**》の《**文書のスタイル**》を使います。

 文書に「Lesson73」と名前を付けて保存しましょう。

第1章 / 第2章 / 第3章 / 第4章 / 第5章 / 第6章 / 第7章 / 第8章 / 第9章 / 総合問題

PDF　解答 ▶ P.48

難易度

File　文書「Lesson53」を開きましょう。

① 文章を挿入し、アウトラインを設定しましょう。

1ページ目

配布資料

インターネットに潜む危険

■ **1.→ 危険から身を守るには**

インターネットには危険がいっぱい、インターネットを使うのをやめよう！なんて考えていませんか？どうしたら危険を避けることができるのでしょうか。信用できない人とやり取りしない、被害にあったら警察に連絡するなどの安全対策が何より大切です。

■ **1.1.→ パスワードは厳重に管理する**

インターネット上のサービスを利用するときは、ユーザー名とパスワードで利用するユーザーが特定されます。その情報が他人に知られると、他人が無断でインターネットに接続したり、サービスを利用したりする危険があります。パスワードは、他人に知られないように管理します。パスワードを尋ねるような問い合わせに応じたり、人目にふれるところにパスワードを書いたメモを置いたりすることはやめましょう。また、パスワードには、氏名、生年月日、電話番号など簡単に推測されるものを使ってはいけません。

■ **1.2.→ 他人のパソコンで個人情報を入力しない**

インターネットカフェなど不特定多数の人が利用するパソコンに、個人情報を入力することはやめましょう。入力したユーザー名やパスワードがパソコンに残ってしまったり、それらを保存するようなしかけがされていたりする可能性があります。

■ **1.3.→ 個人情報をむやみに入力しない**

懸賞応募や占い判定など楽しい企画をしているホームページで、個人情報を入力する場合は、信頼できるホームページであるかを見極めてからにしましょう。

■ **1.4.→ SSL 対応を確認して個人情報を入力する**

個人情報やクレジットカード番号など重要な情報を入力する場合、「SSL」に対応したホームページであることを確認します。SSL とは、ホームページに書き込む情報が漏れないように暗号化するしくみです。SSL に対応したホームページは、アドレスが「https://」で始まり、アドレスバーに鍵のアイコンが表示されます。

■ **1.5.→ 怪しいファイルは開かない**

知らない人から届いた E メールや怪しいホームページからダウンロードしたファイルは、絶対に開いてはいけません。ファイルを開くと、ウイルスに感染してしまうことがあります。

1

配布資料

■ 1.6. → **ホームページの内容をよく読む**

ホームページの内容をよく読まずに次々とクリックしていると、料金を請求される可能性があります。有料の表示をわざと見えにくくして利用者に気付かせないようにしているものもあります。このような場合、見る側の不注意とみなされ高額な料金を支払うことになる場合もあります。ホームページの内容はよく読み、むやみにクリックすることはやめましょう。

■ 1.7. → **電源を切断する**

インターネットに接続している時間が長くなると、外部から侵入される可能性が高くなります。パソコンを利用しないときは電源を切断するように心がけましょう。

■ 2. → **加害者にならないために**

インターネットを利用していて、最も怖いことは自分が加害者になってしまうことです。加害者にならないために、正しい知識を学びましょう。

■ 2.1. → **ウイルス対策をする**

ウイルスに感染しているファイルを E メールに添付して送ったり、ホームページに公開したりしてはいけません。知らなかったではすまされないので、ファイルをウイルスチェックするなどウイルス対策には万全を期しましょう。

■ 2.2. → **個人情報を漏らさない**

SNS やブログなどに他人の個人情報を書き込んではいけません。仲間うちの人しか見ていないから大丈夫！といった油断は禁物です。ホームページの内容は多くの人が見ていることを忘れてはいけません。

■ 2.3. → **著作権に注意する**

文章、写真、イラスト、音楽などのデータにはすべて「著作権」があります。自分で作成したホームページに、他人のホームページのデータを無断で転用したり、新聞や雑誌などの記事や写真を無断で転載したりすると、著作権の侵害になることがあります。

■ 2.4. → **肖像権に注意する**

自分で撮影した写真でも、その写真に写っている人に無断でホームページに掲載すると、「肖像権」の侵害になることがあります。写真を掲載する場合は、家族や親しい友人でも一

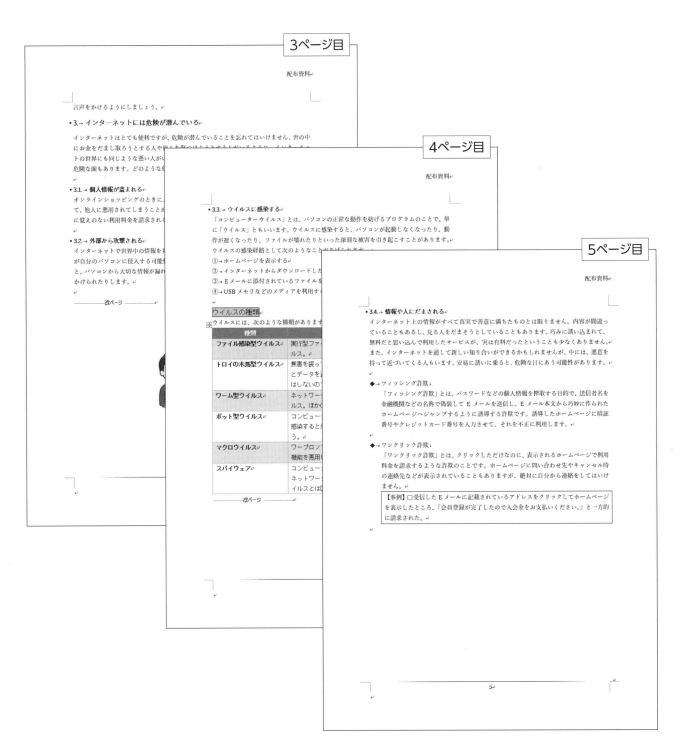

配布資料

言声をかけるようにしましょう。

3. → インターネットには危険が潜んでいる

インターネットはとても便利ですが、危険が潜んでいることを忘れてはいけません。世の中にお金をだまし取ろうとする人や他人を傷つけようとする人がいるように、インターネットの世界にも同じような悪い人が潜んでいます。危険な面もあります。どのような危険があるか...

3.1. → 個人情報が盗まれる

オンラインショッピングのときに...て、他人に悪用されてしまうことが...に覚えのない利用料金を請求され...

3.2. → 外部から攻撃される

インターネットで世界中の情報を見...が自分のパソコンに侵入する可能性...と、パソコンから大切な情報が漏れ...かけられたりします。

改ページ

配布資料

3.3. → ウイルスに感染する

「コンピューターウイルス」とは、パソコンの正常な動作を妨げるプログラムのことで、単に「ウイルス」ともいいます。ウイルスに感染すると、パソコンが起動しなくなったり、動作が遅くなったり、ファイルが壊れたといった深刻な被害を引き起こすことがあります。ウイルスの感染経路として次のようなことがあげられます。

① → ホームページを表示する...
② → インターネットからダウンロードした...
③ → Eメールに添付されているファイルを...
④ → USBメモリなどのメディアを利用する...

ウイルスの種類

ウイルスには、次のような種類があります...

種類	
ファイル感染型ウイルス	実行型ファ... ルス。
トロイの木馬型ウイルス	無害を装っ... とデータを... はしないの...
ワーム型ウイルス	ネットワー... ルス。ほか...
ボット型ウイルス	コンピュー... 感染すると... う。
マクロウイルス	ワープロソ... 機能を悪用...
スパイウェア	コンピュー... ネットワー... イルスとは...

改ページ

配布資料

3.4. → 情報や人にだまされる

インターネット上の情報がすべて真実で善意に満ちたものとは限りません。内容が間違っていることもあるし、見る人をだまそうとしていることもあります。巧みに誘い込まれて、無料だと思い込んで利用したサービスが、実は有料だったということも少なくありません。また、インターネットを通して新しい知り合いができるかもしれませんが、中には、悪意を持って近づいてくる人もいます。安易に誘いに乗ると、危険な目にあう可能性があります。

◆ → フィッシング詐欺

「フィッシング詐欺」とは、パスワードなどの個人情報を搾取する目的で、送信者名を金融機関などの名称で偽装してEメールを送信し、Eメール本文から巧妙に作られたホームページへジャンプするように誘導する詐欺です。誘導したホームページに暗証番号やクレジットカード番号を入力させて、それを不正に利用します。

◆ → ワンクリック詐欺

「ワンクリック詐欺」とは、クリックしただけなのに、表示されるホームページで利用料金を請求するような詐欺のことです。ホームページに問い合わせ先やキャンセル時の連絡先などが表示されていることもありますが、絶対に自分から連絡をしてはいけません。

【事例】□受信したEメールに記載されているアドレスをクリックしてホームページを表示したところ、「会員登録が完了したので入会金をお支払いください。」と一方的に請求された。

5

🔅Hint!

● 文章の挿入　　　　：Lesson31（インターネットの安全対策）の1ページ2行目〜3ページ23行目・テキストのみ保持
● アウトラインレベル：見出し「**レベル1**」「**レベル2**」
● アウトライン番号　：

	番号書式	レベルと対応付ける見出しスタイル	文字書式
レベル1	1.	見出し1	太字
レベル2	1.1.	見出し2	太字

🔊Advice

● 必要のない文字や行は削除します。

② 文書の構成を変更しましょう。

③ 文章を編集しましょう。

1ページ目

配布資料

インターネットに潜む危険

▪1.→ **インターネットには危険が潜んでいる**

インターネットはとても便利ですが、危険が潜んでいることを忘れてはいけません。世の中にお金をだまし取ろうとする人や他人を傷つけようとする人がいるように、インターネットの世界にも同じような悪い人がいるのです。インターネットには便利な面も多いですが、危険な面もあります。どのような危険が潜んでいるかを確認しましょう。

▪1.1.→ **個人情報が盗まれる**

オンラインショッピングのときに入力するクレジットカード番号などの個人情報が盗まれて、他人に悪用されてしまうことがあります。個人情報はきちんと管理しておかないと、身に覚えのない利用料金を請求されることになりかねません。

▪1.2.→ **外部から攻撃される**

インターネットで世界中の情報を見ることができるというのは、逆にいえば、世界のだれかが自分のパソコンに侵入する可能性があるということです。しっかりガードしておかないと、パソコンから大切な情報が漏れてしまったり、パソコン内の情報を壊すような攻撃をしかけられたりします。

改ページ

1

■ 1.3. → **ウイルスに感染する**

「コンピューターウイルス」とは、パソコンの正常な動作を妨げるプログラムのことで、単に「ウイルス」ともいいます。ウイルスに感染すると、パソコンが起動しなくなったり、動作が遅くなったり、ファイルが壊れたりといった深刻な被害を引き起こすことがあります。ウイルスの感染経路として次のようなことがあげられます。

① → ホームページを表示する

② → インターネットからダウンロードしたファイルを開く

③ → メールに添付されているファイルを開く

④ → USB メモリなどのメディアを利用する

ウイルスの種類

ウイルスには、次のような種類があります。

種類	症状
ファイル感染型ウイルス	実行型ファイルに感染して制御を奪い、感染・増殖するウイルス。
トロイの木馬型ウイルス	無害を装って利用者にインストールさせ、利用者が実行するとデータを盗んだり、削除したりするウイルス。感染・増殖はしないので、厳密にはウイルスとは区別されている。
ワーム型ウイルス	ネットワークを通じてほかのコンピューターに伝染するウイルス。ほかのプログラムには寄生せずに増殖する。
ボット型ウイルス	コンピューターを悪用することを目的に作られたウイルス。感染すると外部からコンピューターを勝手に操られてしまう。
マクロウイルス	ワープロソフトや表計算ソフトなどに搭載されているマクロ機能を悪用したウイルス。
スパイウェア	コンピューターの利用者に知られないように内部に潜伏し、ネットワークを通じてデータを外部に送信する。厳密にはウイルスとは区別され、マルウェア ※のひとつとされている。

·········· 改ページ ··········

※ 悪意のあるソフトウェアの総称。ウイルスもマルウェアに含まれる。

配布資料

1.4.→ 情報や人にだまされる

インターネット上の情報がすべて真実で善意に満ちたものとは限りません。内容が間違っていることもあるし、見る人をだまそうとしていることもあります。巧みに誘い込まれて、無料だと思い込んで利用したサービスが、実は有料だったということも少なくありません。また、インターネットを通して新しい知り合いができるかもしれませんが、中には、悪意を持って近づいてくる人もいます。安易に誘いに乗ると、危険な目にあう可能性があります。

◆→フィッシング詐欺

　「フィッシング詐欺」とは、パスワードなどの個人情報を搾取する目的で、送信者名を金融機関などの名称で偽装してメールを送信し、メール本文から巧妙に作られたホームページへジャンプするように誘導する詐欺です。誘導したホームページに暗証番号やクレジットカード番号を入力させて、それを不正に利用します。

◆→ワンクリック詐欺

　「ワンクリック詐欺」とは、クリックしただけなのに、表示されるホームページで利用料金を請求するような詐欺のことです。ホームページに問い合わせ先やキャンセル時の連絡先などが表示されていることもありますが、絶対に自分から連絡をしてはいけません。

> 【事例】□受信したメールに記載されているアドレスをクリックしてホームページを表示したところ、「会員登録が完了したので入会金をお支払いください。」と一方的に請求された。

2.→ 危険から身を守るには

インターネットには危険がいっぱい、インターネットを使うのをやめよう！なんて考えていませんか？どうしたら危険を避けることができるのでしょうか。信用できない人とやり取りしない、被害にあったら警察に連絡するなどの安全対策が何より大切です。

2.1.→ パスワードは厳重に管理する

インターネット上のサービスを利用するときは、ユーザー名とパスワードで利用するユーザーが特定されます。その情報が他人に知られると、他人が無断でインターネットに接続したり、サービスを利用したりする危険があります。パスワードは、他人に知られないように管理します。パスワードを尋ねるような問い合わせに応じたり、人目にふれるところにパスワードを書いたメモを置いたりすることはやめましょう。また、パスワードには、氏名、生年月日、電話番号など簡単に推測されるものを使ってはいけません。

3

第1章
第2章
第3章
第4章
第5章
第6章
第7章
第8章
第9章
総合問題

133

2.2.→ 他人のパソコンで個人情報を入力しない

インターネットカフェなど不特定多数の人が利用するパソコンに、個人情報を入力することはやめましょう。入力したユーザー名やパスワードがパソコンに残ってしまったり、それらを保存するようなしかけがされていたりする可能性があります。

2.3.→ 個人情報をむやみに入力しない

懸賞応募や占い判定など楽しい企画をしているホームページで、個人情報を入力する場合は、信頼できるホームページであるかを見極めてからにしましょう。

2.4.→ SSL 対応を確認して個人情報を入力する

個人情報やクレジットカード番号など重要な情報を入力する場合、「SSL」に対応したホームページであることを確認します。SSL とは、ホームページに書き込む情報が漏れないように暗号化するしくみです。SSL に対応したホームページは、アドレスが「https://」で始まり、アドレスバーに鍵のアイコンが表示されます。

2.5.→ 怪しいファイルは開かない

知らない人から届いたメールや怪しいホームページからダウンロードしたファイルは、絶対に開いてはいけません。ファイルを開くと、ウイルスに感染してしまうことがあります。

2.6.→ ホームページの内容をよく読む

ホームページの内容をよく読まずに次々とクリックしていると、料金を請求される可能性があります。有料の表示をわざと見えにくくして利用者に気付かせないようにしているものもあります。このような場合、見る側の不注意とみなされ高額な料金を支払うことになる場合もあります。ホームページの内容はよく読み、むやみにクリックすることはやめましょう。

2.7.→ 電源を切断する

インターネットに接続している時間が長くなると、外部から侵入される可能性が高くなります。パソコンを利用しないときは電源を切断するように心がけましょう。

3.→ 加害者にならないために

インターネットを利用していて、最も怖いことは自分が加害者になってしまうことです。加害者にならないために、正しい知識を学びましょう。

配布資料

▪ 3.1.→ ウイルス対策をする

ウイルスに感染しているファイルをメールに添付して送ったり、ホームページに公開したりしてはいけません。知らなかったではすまされないので、ファイルをウイルスチェックするなどウイルス対策には万全を期しましょう。

▪ 3.2.→ 個人情報を漏らさない

SNS やブログなどに他人の個人情報を書き込んではいけません。仲間うちの人しか見ていないから大丈夫！といった油断は禁物です。ホームページの内容は多くの人が見ていることを忘れてはいけません。

▪ 3.3.→ 著作権に注意する

文章、写真、イラスト、音楽などのデータにはすべて「著作権」があります。自分で作成したホームページに、他人のホームページのデータを無断で転用したり、新聞や雑誌などの記事や写真を無断で転載したりすると、著作権の侵害になることがあります。

▪ 3.4.→ 肖像権に注意する

自分で撮影した写真でも、その写真に写っている人に無断でホームページに掲載すると、「肖像権」の侵害になることがあります。写真を掲載する場合は、家族や親しい友人でも一言声をかけるようにしましょう。

5

 Hint!

● 文字の置換：「Eメール」→「メール」
● 脚注　　：設定箇所「2ページ目の表の7行2列目「マルウェア」の後ろ」・番号書式「a,b,c,…」

 文書に「Lesson74」と名前を付けて保存しましょう。
「Lesson75」で使います。

135

難易度

 文書「Lesson74」を開きましょう。

目次ページと表紙を作成しましょう。

1ページ目

改ページ

2020 年 7 月 1 日

インターネットに潜む危険

危険から身を守るために

吉田□恭子

インターネットに潜む危険

目次

.... セクション区切り (次のページから新しいセクション) ....

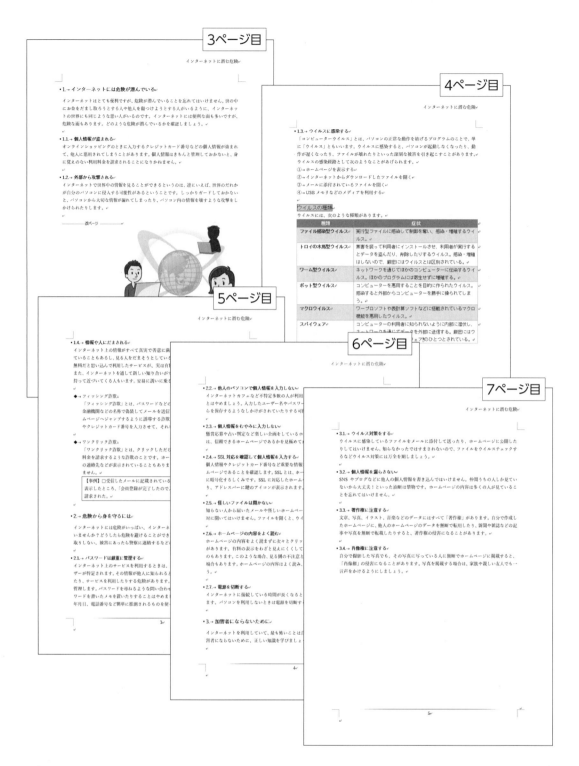

Hint!

● 目次：「自動作成の目次2」

● 表紙：「細い束」・タイトルのフォントサイズ「30」・サブタイトルのフォントサイズ「16」

Advice

● 目次ページのフッターには、ページ番号が表示されないように設定します。

● ヘッダーには、文書のタイトルが表示されるように設定します。

File 文書に「Lesson75」と名前を付けて保存しましょう。

138

Exercise

総合問題

難易度

 新しい文書を作成しましょう。

文書を入力しましょう。

No.20200115

2020 年 7 月 21 日

株式会社グラシネス食品

営業部□山野□瑞樹□様

株式会社アキムラフード

企画部□狩野□篤史

書類送付のご案内

拝啓□炎暑の候、貴社ますますご盛栄のこととお慶び申し上げます。平素は格別のお引き立てを賜り、ありがたく厚く御礼申し上げます。

貴社よりご依頼の下記資料を送らせていただきますので、ご査収ください。

敬具

記

手作りパンキットカタログ　→　　1部

当社製品一覧　→　1部

当社製品価格表→1部

以上

 文書に「Lesson76」と名前を付けて保存しましょう。
「Lesson77」で使います。

Lesson 77 書類送付の案内2

解答 ▶ P.51

難易度

📄 文書「Lesson76」を開きましょう。

書式を設定しましょう。

No.20200115

2020 年 7 月 21 日

株式会社グラシネス食品
営業部□山野□瑞樹□様

株式会社アキムラフード
企画部□狩野□篤史

書類送付のご案内

拝啓□炎暑の候、貴社ますますご盛栄のこととお慶び申し上げます。平素は格別のお引き立てを賜り、ありがたく厚く御礼申し上げます。
貴社よりご依頼の下記資料を送らせていただきますので、ご査収ください。

敬具

記

■	手作りパンキットカタログ	→	1部
■	当社製品一覧	→	1部
■	当社製品価格表	→	1部

以上

第1章
第2章
第3章
第4章
第5章
第6章
第7章
第8章
第9章
総合問題

Hint!

- ●タイトル : フォントサイズ「14」
- ●箇条書き
- ●インデント : 左「6字」
- ●18〜20行目のタブ位置：「28字」
- ●17〜21行目の行間 : 「1.5」
- ●ページ設定 : 垂直方向の配置「中央寄せ」

 文書に「Lesson77」と名前を付けて保存しましょう。

Lesson 78 総合問題2 クリスマスカード1

難易度

新しい文書を作成しましょう。

ワードアートと図形を挿入し、文書を作成しましょう。

解答 ▶ P.52

第1章
第2章
第3章
第4章
第5章
第6章
第7章
第8章
第9章
総合問題

143

Hint!

●ページ設定	:用紙サイズ「はがき」・余白「上下左右10mm」
●テーマの色	:「シック」
●ページの色	:「濃い緑、アクセント4」
●ワードアート	:スタイル「塗りつぶし:白;輪郭:赤、アクセントカラー2;影（ぼかしなし）:赤、アクセントカラー2」・フォント「ALGERIAN」・文字列の折り返し「行内」
●図形（スポンジ）	:「円柱」・枠線「枠線なし」
●図形（クリーム）	:「円柱」・塗りつぶし「白、背景1」・枠線の色「ベージュ、アクセント6、白＋基本色80%」
●図形（果物の実）	:「楕円」・スタイル「光沢-赤、アクセント2」
●図形（ろうそく本体）	:「円柱」・塗りつぶし「赤、アクセント2、白＋基本色80%」・枠線「枠線なし」
●図形（外側の炎）	:「楕円」・塗りつぶし「オレンジ、アクセント1、白＋基本色80%」・枠線「枠線なし」・光彩「光彩:18pt；ベージュ、アクセントカラー6」
●図形（内側の炎）	:「楕円」・塗りつぶし「オレンジ」・枠線「枠線なし」

Advice

• 作成範囲が見づらい場合は、表示倍率を拡大するとよいでしょう。
• ろうそくは複数の図形を組み合わせて作成し、グループ化します。

文書に「Lesson78」と名前を付けて保存しましょう。
「Lesson79」で使います。

Lesson 79 総合問題2 クリスマスカード2

解答 ▶ P.53

File 文書「Lesson78」を開きましょう。

表を作成しましょう。

第1章

第2章

第3章

第4章

第5章

第6章

第7章

第8章

第9章

総合問題

Hint!

- ●表 ：線の色「濃い緑、アクセント4、白＋基本色40%」・線の太さ「1.5pt」・背景の色「白、背景1」
- ●ページ罫線：線の太さ「16pt」

File 文書に「Lesson79」と名前を付けて保存しましょう。

145

Lesson 80
総合問題3
小テスト1

PDF　解答 ▶ P.54

難易度

新しい文書を作成しましょう。

文章を入力しましょう。

小テスト·Vol.4□インターネット利用時のトラブル対策　→　点／１００点↵

↵

↵

次の文章を読んで、正しい答えを選択しましょう。↵

↵

SNS やブログを利用するときの注意点として、正しいものを選択しましょう。↵
SNS やブログには何を掲載してもかまわない。↵
他人を誹謗中傷する内容を掲載しない。↵
意見は感情的になるほどよい。↵

↵

迷惑メールが送られてきたときの対応として、正しいものを２つ選択しましょう。↵
無視する。↵
知人に迷惑メールを転送する。↵
削除する。↵

↵

複数の人に同じ内容のメールを送る場合に、他人のメールアドレスを公開しないようにするためには何を利用するとよいでしょうか。↵
TO↵
CC↵
BCC↵

↵

ユーザーがホームページに入力した内容や、アクセスした履歴などの情報を、ユーザーのパソコンに自動的にファイルとして保存させるしくみを何といいますか。↵
Candy↵
Cookie↵
Internet↵

↵

↵

次の文章を読んで、正しい場合は○、誤っている場合は×を記入しましょう。↵

↵

友人の氏名や電話番号などを本人の承諾なしに SNS に掲載した。↵
プライバシー権とは、本人の承諾なしにみだりに個人情報を公開されない権利のことである。↵
他人のホームページから写真をコピーし、自分のホームページに掲載した。↵
クレジットカードで決済するので、SSL に対応しているショッピングサイトを利用した。↵
ショッピングサイトを利用すれば、詐欺被害にあうことはない。↵

↵

↵

✦Hint!

● ページ設定：余白「上下15mm」「左右20mm」·日本語用のフォント「游ゴシックMedium」

文書に「Lesson80」と名前を付けて保存しましょう。
「Lesson81」で使います。

難易度

File 文書「Lesson80」を開きましょう。

書式を設定しましょう。

小テスト・Vol.4□インターネット利用時のトラブル対策　→　点／１００点

次の文章を読んで、正しい答えを選択しましょう。

1.→ SNS やブログを利用するときの注意点として、正しいものを選択しましょう。
　　a.→ SNS やブログには何を掲載してもかまわない。
　　b.→ 他人を誹謗中傷する内容を掲載しない。
　　c.→ 意見は感情的になるほどよい。

2.→ 迷惑メールが送られてきたときの対応として、正しいものを２つ選択しましょう。
　　a.→ 無視する。
　　b.→ 知人に迷惑メールを転送する。
　　c.→ 削除する。

3.→ 複数の人に同じ内容のメールを送る場合に、他人のメールアドレスを公開しないようにするために
　　は何を利用するとよいでしょうか。
　　a.→ TO
　　b.→ CC
　　c.→ BCC

4.→ ユーザーがホームページに入力した内容や、アクセスした履歴などの情報を、ユーザーのパソコン
　　に自動的にファイルとして保存させるしくみを何といいますか。
　　a.→ Candy
　　b.→ Cookie
　　c.→ Internet

次の文章を読んで、正しい場合は○、誤っている場合は×を記入しましょう。

1.→ 友人の氏名や電話番号などを本人の承諾なしに SNS に掲載した。
2.→ プライバシー権とは、本人の承諾なしにみだりに個人情報を公開されない権利のことである。
3.→ 他人のホームページから写真をコピーし、自分のホームページに掲載した。
4.→ クレジットカードで決済するので、SSL に対応しているショッピングサイトを利用した。
5.→ ショッピングサイトを利用すれば、詐欺被害にあうことはない。

第1章

第2章

第3章

第4章

第5章

第6章

第7章

第8章

第9章

総合問題

- ●1行目のタブ位置：「45字」
- ●「小テスト Vol.4」：フォントサイズ「16」・太字
- ●段落番号
- ●インデント 　　　 ：左「2字」

Advice

• 段落番号の一覧に書式がない場合は、《新しい番号書式の定義》で追加します。

文書に「Lesson81」と名前を付けて保存しましょう。
「Lesson82」で使います。

Lesson82 総合問題3 小テスト3

解答 ▶ P.55

難易度

文書「Lesson81」を開きましょう。

図形とテキストボックスを作成し、文書を編集しましょう。

小テスト・Vol.4□インターネット利用時のトラブル対策 →　点／１００点

①　次の文章を読んで、正しい答えを選択しましょう。

1.→ SNSやブログを利用するときの注意点として、正しいものを選択しましょう。
　　a.→ SNSやブログには何を掲載してもかまわない。
　　b.→ 他人を誹謗中傷する内容を掲載しない。
　　c.→ 意見は感情的になるほどよい。　　　　　　　　　　　　　　　□

2.→ 迷惑メールが送られてきたときの対応として、正しいものを2つ選択しましょう。
　　a.→ 無視する。
　　b.→ 知人に迷惑メールを転送する。
　　c.→ 削除する。　　　　　　　　　　　　　　　　　　　　　　□　□

3.→ 複数の人に同じ内容のメールを送る場合に、他人のメールアドレスを公開しないようにするためには何を利用するとよいでしょうか。
　　a.→ TO
　　b.→ CC
　　c.→ BCC　　　　　　　　　　　　　　　　　　　　　　　　　□

4.→ ユーザーがホームページに入力した内容や、アクセスした履歴などの情報を、ユーザーのパソコンに自動的にファイルとして保存させるしくみを何といいますか。
　　a.→ Candy
　　b.→ Cookie
　　c.→ Internet　　　　　　　　　　　　　　　　　　　　　　　□

②　次の文章を読んで、正しい場合は○、誤っている場合は×を記入しましょう。

1.→ 友人の氏名や電話番号などを本人の承諾なしにSNSに掲載した。
2.→ プライバシー権とは、本人の承諾なしにみだりに個人情報を公開されない権利のことである。
3.→ 他人のホームページから写真をコピーし、自分のホームページに掲載した。
4.→ クレジットカードで決済するので、SSLに対応しているショッピングサイトを利用した。
5.→ ショッピングサイトを利用すれば、詐欺被害にあうことはない。

☀Hint!

- ●図形（円）　　：「**楕円**」・フォント「**MSPゴシック**」・フォントサイズ「**12**」・太字・枠線の太さ「**2.25pt**」・文字列の折り返し「**四角形**」
- ●図形（四角形）：「**正方形/長方形**」・塗りつぶし「**塗りつぶしなし**」・枠線の色「**黒、テキスト1**」・文字列の折り返し「**四角形**」

文書に「Lesson82」と名前を付けて保存しましょう。
「Lesson83」で使います。

難易度

File 文書「Lesson82」を開きましょう。

表を作成しましょう。

小テスト・Vol.4□インターネット利用時のトラブル対策 → 点／100点

1 次の文章を読んで、正しい答えを選択しましょう。

1.→ SNS やブログを利用するときの注意点として、正しいものを選択しましょう。
　　a.→ SNS やブログには何を掲載してもかまわない。
　　b.→ 他人を誹謗中傷する内容を掲載しない。
　　c.→ 意見は感情的になるほどよい。

2.→ 迷惑メールが送られてきたときの対応として、正しいものを2つ選択しましょう。
　　a.→ 無視する。
　　b.→ 知人に迷惑メールを転送する。
　　c.→ 削除する。

3.→ 複数の人に同じ内容のメールを送る場合に、他人のメールアドレスを公開しないようにするためには何を利用するとよいでしょうか。
　　a.→ TO
　　b.→ CC
　　c.→ BCC

4.→ ユーザーがホームページに入力した内容や、アクセスした履歴などの情報を、ユーザーのパソコンに自動的にファイルとして保存させるしくみを何といいますか。
　　a.→ Candy
　　b.→ Cookie
　　c.→ Internet

2 次の文章を読んで、正しい場合は〇、誤っている場合は×を記入しましょう。

1.→ 友人の氏名や電話番号などを本人の承諾なしに SNS に掲載した。
2.→ プライバシー権とは、本人の承諾なしにみだりに個人情報を公開されない権利のことである。
3.→ 他人のホームページから写真をコピーし、自分のホームページに掲載した。
4.→ クレジットカードで決済するので、SSL に対応しているショッピングサイトを利用した。
5.→ ショッピングサイトを利用すれば、詐欺被害にあうことはない。

1	2	3	4	5

Hint!

- ●段落罫線 ：罫線の色「青、アクセント1、黒＋基本色25%」
- ●表 ：列幅「18mm」
- ●表の2行目：行の高さ「14mm」

 文書に「Lesson83」と名前を付けて保存しましょう。

第1章

第2章

第3章

第4章

第5章

第6章

第7章

第8章

第9章

総合問題

解答 ▶ P.56

難易度

 新しい文書を作成しましょう。

表を作成しましょう。

履歴書

年□□□月□□□日現在

ふりがな			印		
氏名					
			男・女		
ふりがな				TEL	
現住所□〒□□□-					
ふりがな				TEL	
連絡先□〒□□□-					
年	月	最終学歴			
				在学中・卒業・中退	
年	月			本人希望記入欄	

※ **Hint!**

● ページ設定：余白「上下10mm」「左右12mm」・用紙の端からの距離「ヘッダー0mm」「フッター0mm」・日本語用のフォント「MSゴシック」・英数字用のフォント「日本語用と同じフォント」
● タイトル　：フォントサイズ「22」

 文書に「Lesson84」と名前を付けて保存しましょう。
「Lesson85」で使います。

難易度

📄 文書「Lesson84」を開きましょう。

表を編集しましょう。

履歴書

年□□□月□□□日現在

ふりがな			印	↵	↵
氏名↵			↵	↵	↵
生年月日□□□□年□□□月□□□日生（満□□□歳）↵			男・女↵	↵	↵
ふりがな↵				TEL↵	↵
現住所□〒□□□－↵				□□□－□□□□－↵	↵
				E-Mail↵	↵
				↵	↵
ふりがな↵				TEL↵	↵
連絡先□〒□□□－↵				□□□－□□□□－↵	↵
年↵	月↵	最終学歴↵			↵
↵	↵	↵		在学中・卒業・中退↵	↵
年↵	月↵	職務経歴（パート・アルバイトを含む）↵		本人希望記入欄↵	
↵	↵	↵		希望職種↵	↵
				↵	↵
↵	↵	↵		希望勤務地↵	↵
				↵	↵
↵	↵	↵		その他の希望↵	↵
				↵	↵
↵	↵	↵		↵	↵
				↵	↵
↵	↵	↵		↵	↵

↵

Hint!

「現住所…」と「連絡先…」の行　　　　　　　：行の高さ「18mm」
「在学中…」の行と「職務経歴…」の下の5行：行の高さ「12mm」

文書に「Lesson85」と名前を付けて保存しましょう。
「Lesson86」で使います。

第1章
第2章
第3章
第4章
第5章
第6章
第7章
第8章
第9章
総合問題

難易度

File 文書「Lesson85」を開きましょう。

表を編集しましょう。

履歴書

年□□□月□□□日現在

ふりがな		印	
氏名		↵	
生年月日□□□□年□□□月□□□日生（満□□□歳）		男・女	

ふりがな	TEL
現住所□〒□□□－	□□□－□□□□－
	E-Mail
ふりがな	TEL
連絡先□〒□□□－	□□□－□□□□－

年	月	最終学歴	
↵	↵	↵	在学中・卒業・中退

年	月	職務経歴（パート・アルバイトを含む）	本人希望記入欄
↵	↵	↵	希望職種
			↵
↵	↵	↵	希望勤務地
			↵
↵	↵	↵	その他の希望
			↵
↵	↵	↵	
↵	↵	↵	

年	月	免許・資格・技能等	扶養家族数（配偶者を除く）
↵	↵	↵	人
			配偶者
↵	↵	↵	有□□・□□無
			配偶者の扶養義務
↵	↵	↵	有□□・□□無
			通勤時間
↵	↵	↵	約□□□時間□□□分
			交通機関
↵	↵	↵	↵

- ●表の外枠、太線：ペンの太さ「2.25pt」
- ●インデント　　　：左「23字」

Advice

- 職務経歴の欄をコピーして、免許・資格・技能等の欄を作成します。
- 表の右上の点線は、罫線ではないので注意しましょう。

文書に「Lesson86」と名前を付けて保存しましょう。
「Lesson87」で使います。

第1章

第2章

第3章

第4章

第5章

第6章

第7章

第8章

第9章

総合問題

難易度

File 文書「Lesson86」を開きましょう。

テキストボックスを作成し、文書を編集しましょう。

履歴書

年□□□月□□□日現在

ふりがな			印
氏名			

| 生年月日□□□□年□□□月□□□日生（満□□□歳） | | | 男・女 |

写真を貼る位置

ふりがな		TEL
現住所□〒□□□－		□□□－□□□□－
		E-Mail

ふりがな		TEL
連絡先□〒□□□－		□□□－□□□□－

年	月	最終学歴	
			在学中・卒業・中退

年	月	職務経歴（パート・アルバイトを含む）	本人希望記入欄
			希望職種
			希望勤務地
			その他の希望

年	月	免許・資格・技能等	扶養家族数（配偶者を除く）
			人
			配偶者
			有□□・□□無
			配偶者の扶養義務
			有□□・□□無
			通勤時間
			約□□□時間□□□分
			交通機関

●テキストボックス：横書き・フォントサイズ「8」・塗りつぶし「塗りつぶしなし」
●透かし　　　　　　：「サンプル1」

 文書に「Lesson87」と名前を付けて保存しましょう。

第1章

第2章

第3章

第4章

第5章

第6章

第7章

第8章

第9章

総合問題

難易度

新しい文書を作成しましょう。

文章を入力しましょう。

歯茎の調子はどうですか？

歯に痛みはないのに歯磨きをしていて血が出たことはありませんか？

もし、そのような経験があるなら、歯周病かもしれません。

55歳以上の過半数の人が、歯周病にかかっているという調査結果も出ています。

歯周病の原因

次のようなことが考えられます。

歯垢から毒素が出る。

歯石が歯肉を刺激し、炎症を悪化させる。

歯並びが悪いと歯垢がたまる。

古くなった詰め物が歯肉を傷つける。

歯周病の予防

次のようなことを心がけましょう。

正しい方法で歯を磨く。

生活習慣を改善する。

定期的に歯科検診を受ける。

Hint!

●ページ設定：印刷の向き「縦」・文字方向「縦書き」・余白「上下25mm」「左右15mm」・行数「28」・日本語用のフォント「游ゴシックMedium」・英数字用のフォント「日本語用と同じフォント」

Advice

• 文字方向を「縦書き」にすると、印刷の向きが自動的に「横」になります。設定する順序に注意しましょう。

• 数字は半角で入力します。

文書に「Lesson88」と名前を付けて保存しましょう。
「Lesson89」で使います。

Lesson89 保健センターだより2

総合問題5

解答 ▶ P.59

難易度

文書「Lesson88」を開きましょう。

文書のレイアウトを整えましょう。

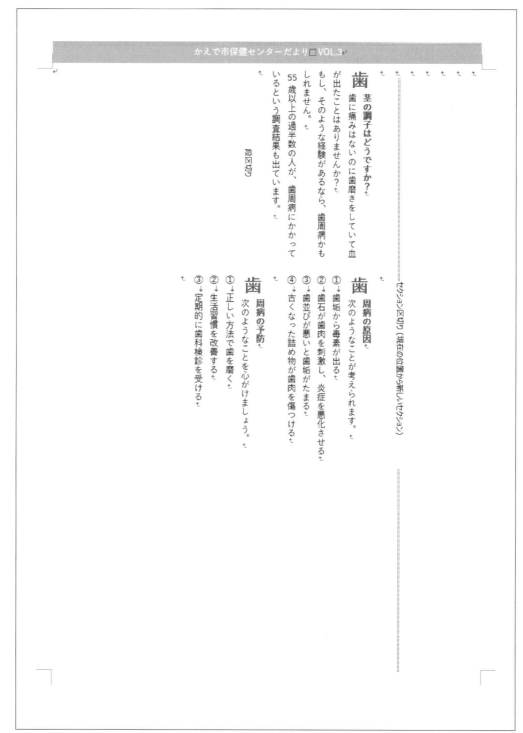

かえで市保健センターだより□VOL.3

歯の調子はどうですか？

歯に痛みはないのに歯磨きをしていて血が出たことはありませんか？

もし、そのような経験があるなら、歯周病かもしれません。

55歳以上の過半数の人が、歯周病にかかっているという調査結果も出ています。

段区切り

セクション区切り（現在の位置から新しいセクション）

歯周病の原因

次のようなことが考えられます。

① 歯垢から毒素が出る。
② 歯石が歯肉を刺激し、炎症を悪化させる。
③ 歯並びが悪いと歯垢がたまる。
④ 古くなった詰め物が歯肉を傷つける。

歯周病の予防

次のようなことを心がけましょう。

① 正しい方法で歯を磨く。
② 生活習慣を改善する。
③ 定期的に歯科検診を受ける。

第1章

第2章

第3章

第4章

第5章

第6章

第7章

第8章

第9章

総合問題

●テーマの色 :「マーキー」
●8行目、14行目、21行目の文字:太字・フォントの色「濃い赤」
●ドロップキャップ :本文からの距離「2mm」
●縦中横
●7〜29行目 :3段組み
●段落番号
●ヘッダー :「縞模様」

文書に「Lesson89」と名前を付けて保存しましょう。
「Lesson90」で使います。

Lesson 90 総合問題5 保健センターだより3

解答 ▶ P.59

難易度

文書「Lesson89」を開きましょう。

テキストボックスや画像、図形を挿入し、文書を編集しましょう。

第1章

第2章

第3章

第4章

第5章

第6章

第7章

第8章

第9章

総合問題

161

●テキストボックス（タイトル）	：縦書き・塗りつぶし「**アクア、アクセント1**」・枠線「**枠線なし**」・ 文字の配置「**中央揃え**」・フォントサイズ「**40**」・太字・ フォントの色「**白、背景1**」
●画像（右）	：「**歯磨き**」
●テキストボックス（お知らせ）	：横書き・塗りつぶし「**塗りつぶしなし**」・枠線「**枠線なし**」・ フォントサイズ「**9**」・フォントの色「**白、背景1**」・ 間隔「**1ページの行数を指定時に文字を行グリッド線に合わせる**」をオフ
●グラフ	：「**集合縦棒**」・文字列の折り返し「**前面**」・レイアウト「**レイアウト1**」・ フォント「**游ゴシックMedium**」
●グラフのデータ	：

15-24歳	8
25-34歳	21
35-44歳	24
45-54歳	41
55-64歳	50
65-74歳	58
75歳以上	62

●グラフタイトル	：フォントサイズ「**12**」
●図形（MAP）	：「**四角形：角を丸くする**」・フォントサイズ「**14**」・太字・ スタイル「**パステル-緑、アクセント2**」・文字の配置「**上揃え**」
●図形（道）	：「**四角形：角を丸くする**」・フォントサイズ「**9**」・ 塗りつぶし「**黒、テキスト1、白+基本色50%**」・枠線「**枠線なし**」
●図形（目印・市役所）	：「**楕円**」・枠線「**枠線なし**」
●図形（目印・保健センター）	：「**楕円**」・塗りつぶし「**濃い赤**」・枠線「**枠線なし**」
●テキストボックス（市役所）	：横書き・フォントサイズ「**9**」・塗りつぶし「**塗りつぶしなし**」・ 枠線「**枠線なし**」
●図形（吹き出し・下）	：「**吹き出し：円形**」・スタイル「**枠線のみ-赤、アクセント6**」
●画像（左）	：「**歯科医**」・文字列の折り返し「**前面**」
●図形（吹き出し・上）	：「**吹き出し：角を丸めた四角形**」・フォントサイズ「**9**」 間隔「**1ページの行数を指定時に文字を行グリッド線に合わせる**」をオフ・ スタイル「**枠線のみ-アクア、アクセント1**」
●「**歯周病とは**」	：フォント「**MSゴシック**」・フォントサイズ「**14**」・太字
●箇条書き	

📢 Advice

- 画像「**歯磨き**」と「**歯科医**」はダウンロードしたフォルダー「**Word2019演習問題集**」のフォルダー「**画像**」のフォルダー「**Lesson90**」の中に収録されています。《PC》→《ドキュメント》→「**Word2019演習問題集**」→「**画像**」→「**Lesson90**」から挿入してください。
- 「**★**」は「**ほし**」と入力して変換します。
- グラフのもととなるデータ範囲を変更する場合は、青い枠線の右下の■をドラッグして変更します。指示されているデータの入力後、データ範囲を変更するのを忘れないようにしましょう。

 文書に「**Lesson90**」と名前を付けて保存しましょう。

よくわかる
Microsoft® Word 2019 演習問題集
（FPT2003）

2020年6月7日　初版発行
2024年5月9日　第2版第4刷発行

著作／制作：富士通エフ・オー・エム株式会社

発行者：山下　秀二

発行所：FOM出版（富士通エフ・オー・エム株式会社）
　　　　〒212-0014　神奈川県川崎市幸区大宮町1番地5　JR川崎タワー
　　　　　　　　　　株式会社富士通ラーニングメディア内
　　　　　https://www.fom.fujitsu.com/goods/

印刷／製本：アベイズム株式会社

表紙デザインシステム：株式会社アイロン・ママ

📖 FOM出版のシリーズラインアップ

定番の よくわかる シリーズ

「よくわかる」シリーズは、長年の研修事業で培ったスキルをベースに、ポイントを押さえたテキスト構成になっています。すぐに役立つ内容を、丁寧に、わかりやすく解説しているシリーズです。

資格試験の よくわかるマスター シリーズ

「よくわかるマスター」シリーズは、IT資格試験の合格を目的とした試験対策用教材です。

■MOS試験対策

■情報処理技術者試験対策

ITパスポート試験　　　　　基本情報技術者試験

FOM出版テキスト
最新情報 のご案内

FOM出版では、お客様の利用シーンに合わせて、最適なテキストをご提供するために、様々なシリーズをご用意しています。

FOM出版　🔍検索

https://www.fom.fujitsu.com/goods/

FAQのご案内

[テキストに関する よくあるご質問]

FOM出版テキストのお客様Q＆A窓口に皆様から多く寄せられたご質問に回答を付けて掲載しています。

FOM出版　FAQ　🔍検索

https://www.fom.fujitsu.com/goods/faq/